U0012449

金商道

*The positive thinker sees the invisible, feels the intangible,
and achieves the impossible.*

惟正向思考者，能察於未見，感於無形，達於人所不能。 —— 佚名

中国オンラインビジネスモデル図鑑

圖解 中國 App

商業模式

王 Alex Wang 沁

洪淳瀅 譯

目　錄

第 1 章　社群媒體・資訊

第 2 章　生活

第3章 購物·付款

第6章　自我成長・健身・美容

第 **9** 章 商務

前 言

當有人問起「中國的線上服務」時，您的腦海裡會浮現什麼呢？ 也許很多人會想到手機的無現金支付或者在日本也很熱門的 TikTok 等。若是比較熟悉 IT 的人，應該會想到「阿里巴巴」或「騰訊」等企業吧。

此外，或許也會有人認為「那和我有什麼關係」。

不過，我們一起來思考。日本現在正在規劃將所有服務都線上化，所以獲得中國線上商務的相關知識，對生意人和投資者會非常有助益。

二〇一九年日本最暢銷的書是敘述中國線上商務的書《搶進後數位時代》（藤井保文、尾原和啟著作‧日經 BP 社），但如同書名所述，中國其實早已全面線上化，名副其實地成為「數位化後」的世界了。

不只購物、送餐、叫車服務等，連醫療、學習、租賃住宅的契約、繳稅也都早已線上化了，甚至新發售的化妝品都可以用手機螢幕來試妝。

還有，現在的商業模式不同於以往，以前的實體店面是為了拓展銷售通路才開始布局電商，而現在幾乎都是電商事業為了提升顧客體驗開始展店、設立實體店面。

了解這樣的趨勢，對今後即將全面數位化的日本來說，肯定能成為抓住商機的利器。

雖說如此，但中國有許多線上服務只要沒有開立中國的銀行帳戶和申辦中國的電話號碼就無法使用。想要得到資訊時，即使用網路查半天，查到的也大都是中國的資訊。

因此，本書嚴選出六十個中國最熱門的 App，並附上簡單易懂的圖解和照片，說明其商業模式和功能、行銷策略和籌措資金等各種資訊。

介紹的這六十個 App 跨足了社群媒體和電商、付款、娛樂、資產管

理、自我成長、健康、商務等各領域。

　　本書提供的資訊，相信對在 IT 企業工作負責企劃或開發的人、任職的企業正打算往中國發展的人、考慮新創 IT 企業的人、投資者、未來即將出社會的新鮮人等，都相當有用。

　　接下來，我介紹一下自己。

　　我在「華和結控股集團」任職 CEO，經營將日本遊戲和動畫等內容推廣到全球的資訊公司「JCCD.com」、協助企業進口或導入合適且優秀的人工智慧（AI）的「AiBank.jp」，與全球各地專業人才執行分時系統的「TIME-X」等事業。

　　這間公司是我還在母校慶應義塾大學就讀時所設立的，大學畢業後我一邊經營這間公司一邊到 Recruit Holdings Co., Ltd. 上班，負責與中國企業交涉合作，以及進行投資決策。

　　由於有過這樣的經歷，我有幸接觸到許多中國 IT 企業，有騰訊和阿里巴巴等大企業，也有剛剛成立的新創企業等。我親眼見證過他們的商業模式、產品功能、籌措資金和行銷等成長過程，正因為如此，我才能順利發展出一套屬於我自己的商業模式。

　　這些經驗讓我增長了不少見識，所以我特別以此作為基礎，花兩年的時間來彙整並編輯成這本書。

　　閱讀本書可以了解中國線上商務最具代表性的產品和組織結構、成長與成功的過程以及中國人的需求，希望各位可以藉由此書找到對自己商務有益的地方，那將會是我的一大榮幸。

王沁 二〇二一年二月

本書構成

本書嚴選中國六十個最熱門的 App。用最簡單易懂的方式說明這些 App 的基本資訊、商業模式、功能、行銷策略和籌措資金的方法等。

還有，本書的構成會根據 App 的重要性而稍做變更。

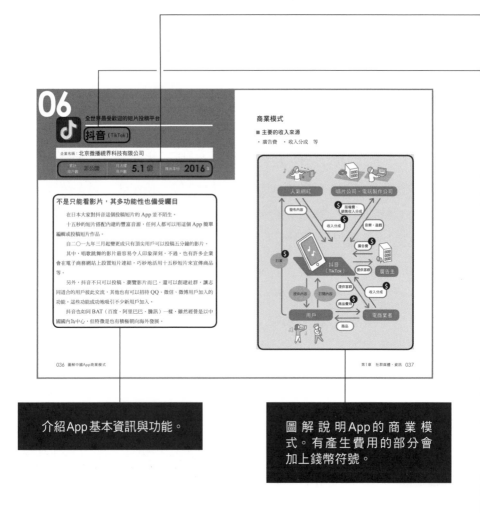

介紹App基本資訊與功能。

圖解說明App的商業模式。有產生費用的部分會加上錢幣符號。

App名稱。較難懂的漢字換以日本的常用漢字代替。

介紹累計用戶數（總人數）、MAU數（月活躍用戶數）、推出年份。

介紹App獲得支持的社會背景、吸引用戶的特徵、行銷策略、籌措資金等相關資訊（但有些App沒有加以記載）。

需求與成長背景

抖音最大的優勢在於內容「短」以及豐富的音源。

網路上的內容隨著各式各樣的影片上傳而日益充實，相對地用戶花在每個內容的視聽時間也跟著逐漸減少。雖然抖音的影片只有短短十五秒，但是從影片中可以看到濃縮的精華，抖音的人氣因此瘋狂暴漲。

有許多當紅藝人都有創建抖音帳號，藉此積極地與粉絲交流。此外，還有「藝人人氣排行榜」。排名會依照粉絲數與影片瀏覽數而變動，粉絲想要幫喜愛的藝人累計人氣就可以參與瀏覽影片並按讚來分享活動。

另外，再加上抖音收購了音樂平台，每年都支付數百億日圓的版權費給唱片公司，所以用戶可以拿熱門歌曲免設成背景音樂來用。

抖音這樣的組織結構也被企業活用當作行銷手段之一，例如把下個月公開的電影主題曲當成背景音樂，以提升電影的知名度等。

■ 三項重大進展

1	2017年	當紅藝人投入網紅行銷	當紅藝人或演員等可以投稿置入抖音官樣的宮廣影片來發行銷。
2	2019年	演算法更新升級	活用母公司經營的新App（參見「今日頭條」）演算法，大幅提升推播資訊的精準度以及排名的公平性。
3	2020年	招聘迪士尼樂園的副董事長接任CEO一職	2020年5月招聘美國華特迪士尼公司的下一任副社長梅耶爾（Kevin Mayer）來接任CEO一職（任職3個月後離職）。Kevin Mayer因對手收購Hulu則與迪士尼＋（Disney＋）而著名。

038　圖解中國App商業模式

主要功能與UI的特徵

App主畫面

編輯影片時可以使用各種效果與背景音樂

粉絲之間都能互相交流的社群功能

在EC電商網頁上設置連結網址可以促銷、銷售商品

國外品牌的廣告影片。一鍵就能購入

直播聊天功能也可以打賞

第1章　社群媒體・資訊　039

介紹促進App大幅成長的三項重大進展（但有些App沒有加以記載）。

為求簡單易懂，以豐富的照片介紹App的UI（用戶介面）和功能。

社群媒體・資訊

世界規模最大的大數據引擎

今日頭條 (Toutiao)

| 企業名稱：北京字節跳動科技有限公司 |

| 累計
用戶數 **7億** | 月活躍
用戶數 **3.6億** | 推出年份 **2012**年 |

依照個人喜好提供資訊的新聞App

今日頭條是經營抖音（Tik Tok）的「北京字節跳動科技有限公司」所開發的新聞 App。

這套程式優秀的演算法，堪稱「比你自己更懂你」，所以廣告的點閱率超高，這也是該程式的最大特點。

主要架構是 AI 會透過數據學習，並將符合個人興趣的報導分別記錄於大數據中，所以用戶愈使用會愈上癮，根據統計每一位用戶每天平均利用的時間達七十七分鐘。這數據已經超越了 Facebook 與 WeChat，今日頭條也因此躍升成全世界最熱門的 App。

除了用來看新聞以外，今日頭條也與 Netflix 與 YouTube 一樣，可以看電影、上傳影片、轉播 NBA 美國職業籃球聯賽以及訂閱影片、訂閱直播等。

此外，還有提供其他總共約六十項服務，例如資產管理和銷售金融商品、保險商品，以及用戶之間彼此互相解惑的「Q&A」功能、以猜謎形式學習冷知識的功能等。

商業模式

■ 主要的收入來源

· 廣告費　· 訂閱收入

通訊社・影像製作公司・網紅（直播主）

內容提供者

提供內容

收入分成 $

廣告費 $

今日頭條

提供客群

廣告主

提供符合
個人需求的
資訊

訂閱費 $

用　戶

需求與成長背景

今日頭條的優勢是高廣告點閱率以及功能都凌駕在其他雷同的 App 之上。

中國的 App 基本上都是屬於多功能的程式，然而今日頭條這套 App 的功能不但可以看新聞，還具有觀賞電影、銷售保險與金融商品、上傳影片和訂閱直播等功能，服務項目高達六十多項。

其中，以「火山小影片」、「快手」這兩個影片平台最受歡迎，甚至有用戶透過上傳影片獲得高額的廣告收入。

上述兩者的差異點在於「火山小影片」與抖音一樣都是採用縱向短片，而「快手」則是像 YouTube 那般可以上傳幾分鐘到幾十分鐘的橫向影片。

今日頭條的客群有九成都是三十歲以下的用戶。對於工作、學業兩頭燒卻又想要有效利用瑣碎時間的用戶來說，只有利用優秀的演算法準確提供他們想知道的資訊，才可以滿足他們的需求。

■ 三項重大進展

1	2015年	榮獲「最具影響力的 App」獎項	得獎後知名度大增。
2	2016年	投資小影片平台人民幣 10 億元	人民幣 10 億元，開發並推出「火山小影片」這個小影片平台。
3	2018年	獲得 Pre-IPO 上市前融資	獲得軟銀願景基金（SoftBank Vision Fund）、國際投資機構（KKR）、Primavera Capital Group、雲鋒基金、全球成長型股權投資公司 General Atlantic 投資 40 億美元。

主要功能與UI的特徵

App主畫面

主畫面可以選擇
欲顯示的內容

設定報導的喜好度可以
提升報導推薦的準確度

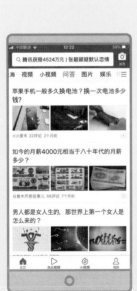

可以提問的Q&A頻道

火山小影片的UI。
影片只能縱向呈現

「快手」的影片可留言，
追蹤特定主播者的影片

中國人必用的App

微信（WeChat）

企業名稱：**深圳市騰訊計算機系統有限公司（Tencent）**

累計用戶數	月活躍用戶數	推出年份
非公開	**12.1億**	**2011**年

中國最有名的即時通訊 App

微信可說是中國版的「LINE」。除了可以傳送文字、圖片和影片外，也能傳送語音或檔案，而且還具備類似 Facebook 的社群媒體功能。

此外，其他功能還有無現金支付的「微信支付」、遊戲、網路購物、買賣股票、支付瓦斯費或電費、辦理保險手續、預約掛號、支付交通罰金等，微信儼然已經成為中國人生活中的一部分了。

微信之所以能夠實現上述各項服務全是仰賴騰訊（Tencent）獨立開發的「小程式」（MiniProgram，中國稱為「小程序」）功能。這項功能主要是可以在微信 App 內追加第三方開發的功能。如此一來，用戶只要開啟微信 App 便可以使用各種不同的功能了。

微信的收入因小程式的開發而大幅提升，收入來源多了第三方上線的認證費以及使用支付系統的手續費。

商業模式

■ 主要的收入來源

· 遊戲儲值費用　· 廣告費　· 支付系統手續費　· 系統使用費　等

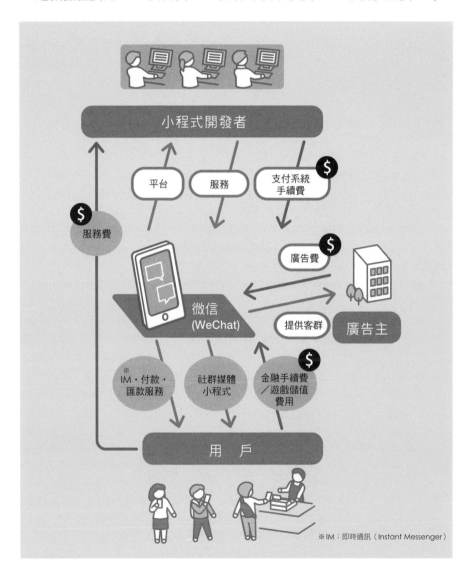

※IM：即時通訊（Instant Messenger）

需求與成長背景

在眾多的即時通訊 App 當中，微信之所以能夠脫穎而出獲得如此廣大的回響，主要原因有以下兩個。第一個是微信接收了騰訊公司早期開發的即時通訊 App「QQ」（下一篇主題）的用戶。

QQ 早在智慧型手機問世之前，於 1999 年時便已推出，可說是即時通訊 App 的始祖。

QQ 與微信之間具有相容性，所以 QQ 的用戶可以順利轉換到 WeChat。由於通訊錄功能也相容，所以用戶之間透過人際關係彼此口耳相傳猶如「病毒式行銷」（Virus Marketing）般得以迅速擴散開來，用戶數因此也成功地快速暴增。

另一個原因是前述的「小程式」功能。

簡單來說，小程式這套程式就是「用戶可以依照自己的喜好，在 App 內任意增添喜歡的功能」。換句話說，也可以理解成這個 App 內還有一個應用商店（App Store）。所以單純使用這個微信 App 就可以玩遊戲、購物、匯款，甚至還能搭地鐵、支付公共費用等，功能琳琅滿目，這也是騰訊持續擁有高人氣的主要原因。用戶大都是被這些功能吸引而來。

騰訊內的這些小程式總共有一百五十萬以上的人員參與開發，推出的小程式總計超過一百萬個。

還有，這個小程式的特徵是端末不需要為了使用 App 而下載任何資源。

■ 主要的資金來源

籌措資金	籌措資金時期	籌措資金總額	投資者
策略投資	2018 年	人民幣 2.9 億元	Lippo Group
IPO 後	2005 年	非公開	Hillhouse Capital Group
IPO[※1]	2004 年	2.29 億美元	個人投資者
B 輪融資	2001 年	非公開	Myriad International Holdings
A 輪融資[※2]	1999 年	440 萬美元	IDG 資本／pccw（HK）

※1 IPO：企業上市時首次公開募股。

※2 ○輪融資：公開給投資者投資的預估值。依照企業的成長階段，依序進行A、B、C輪融資。

■ 三項重大進展

1	2012 年	追加官方帳號功能	類似 Facebook 網頁的功能。企業或者擁有眾多粉絲的個人用戶都可以申請官方帳號，現在總計有 2000 萬個以上的官方網頁。
2	2014 年	正式提供打賞服務	在中國版「紅白歌唱大賽」上打賞的功能（上限 200 元人民幣）。
3	2017 年	推出「小程式」	WeChat App 內可以使用第三方開發的功能，這讓便利性大幅提升，成功提升現有用戶的忠誠度。

主要功能與UI的特徵

App 主畫面

點擊左側的語音鍵可以錄音、傳送聲音

可以與其他用戶共享檔案

小程式的UI①（照片是「小紅書」美妝的社群媒體）

小程式的UI②
（照片是叫車
的App「DiDi」）

可以與銀行帳
戶連結，執行
相關支付與匯
款的WeChat
Pay（微信支
付）

由於只要點擊
一下聊天畫面
上的功能鍵即
可打賞，常被
用來贈送小禮
物或壓歲錢

在影片或圖片
中可以編輯文
字或表情符號
的功能

03

盛行20年以上的即時通訊App

QQ

企業名稱:**深圳市騰訊計算機系統有限公司(Tencent)**

累計 用戶數	非公開	月活躍 用戶數	**6.2億**	推出年份	**1999**年

「改變中國」的App

QQ是騰訊一九九九年推出的即時通訊App,要說這套程式「改變了中國」其實也不為過。因為就連上一篇介紹的微信也是深受QQ的影響才得以迅速蓬勃發展。

QQ除了有一對一聊天與群組聊天等一般即時通訊的基本功能以外,還有許多各式各樣的功能。

尤其以檔案共享功能最為特別。當群組裡的用戶要共同編輯時,該群組會有三GB的儲存空間可以使用,因此不管要共享照片或是文件等,都十分方便。而且,這項功能早在智慧型手機問世之前就存在了,以當時來說這無異是相當創新的功能。

現在,QQ更是進化成超強功能的無敵App了,例如畫像與個人專頁可以依照自己喜好來編輯的功能、虛擬功能、類似Facebook的留言對話功能、上傳影片、即時通訊、音樂、漫畫、遊戲、EC等,什麼功能都有。

其中,很多用戶都以遊戲為主,QQ這些多如繁星的功能成功地將使用其他社群媒體的用戶吸引過來。

商業模式

■ 主要的收入來源

- 廣告費　・ 收入分配（事業收入的分配）　　・ 訂閱收入
- 加值服務費用　等

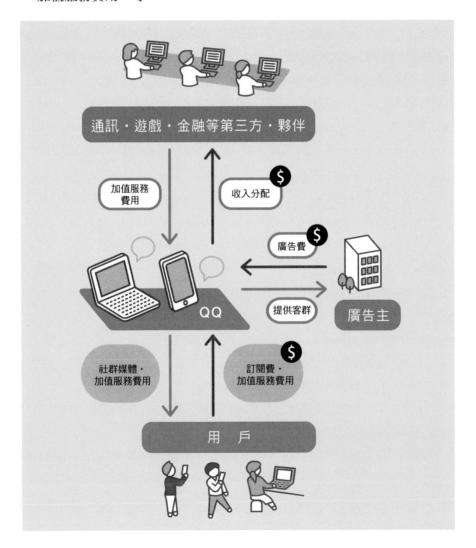

需求與成長背景

在中國網路服務的歷史當中，QQ是相當重要的服務之一。早在智慧型手機問世之前，QQ就已經正式推出並開始提供服務了，當初軟體是以利用電腦進行對話為前提所設計的。不過，自二〇〇三年起，便開始發展成手機也適用的App了。

Facebook始於二〇〇四年、Twitter則是始於二〇〇六年，由此可知，QQ正式提供服務的年度比這些軟體問世還要早了許多。據說中國人不太使用電子郵件，是因為網路開始普及的時期QQ就已經推出且正式提供服務。

QQ的特徵是容易操作、UI簡單。之所以會有這麼多民眾使用，主要原因是QQ的帳號像電話號碼一樣採用數字排序，相當簡單易懂，而且申請時也不需要本人認證，非常容易取得帳號。

降低註冊門檻，方便用戶請非用戶進群組，這樣的便利性讓QQ的用戶成倍數增加。

■ 三項重大進展

1	2002年	推出QQ群組功能	領先其他公司，導入群組聊天對話功能。用戶透過這項功能可以請朋友、熟人加入，大幅增加用戶人數。
2	2005年	部落格平台「QQ空間」開始提供服務	自這項功能正式提供服務後，便依序推出影片上傳、訂閱直播、家族共同管理功能等。從單純聊天對話服務進化到綜合社群媒體。
3	2010年	推出即時通訊諮詢功能「QQ營銷」	企業網站增加可以對話諮詢的功能。

主要功能與UI的特徵

App主畫面,從主畫面
可以檢索所有聊天室

可以在貼圖附上自己
聲音的「有聲貼圖」

簡易的UI能簡單存取
各項功能

透過QQ可以玩騰訊
推出的所有遊戲

直播購物功能。可以
使用微信支付

在直播聊天室內可以與
喜歡的直播主聊天或打賞

04

任何人都可以輕鬆開設線上論壇

知識星球（zhishixingqiu）

企業名稱：**深圳市大成天下信息技術有限公司**

累計 用戶數	**2000**萬	月活躍 用戶數	非公開	推出年份	**2015**年

只要一支智慧型手機就能簡單地為自己擁有的知識與技能創造收入

日本現在也有愈來愈多線上論壇了。

知識星球這套 App 相當簡易，任何人都可以簡單設立社群或線上論壇並且自己經營。主要是創設一個稱為「星球」的社群，關注者加入這個星球後，就可以與星主（星球主持人）互相交流，藉此得到最新的資訊或建議。社群的種類包羅萬象，像商業、興趣、技術類等各方面都有。

其他 App 像微信以及被視為是中國版 Twitter 的微博等也有許多網紅或各業界的專家、企業家等名人社群。用戶可以自己決定是否要付費加入，需要付費的社群平均一年年費約二千至三千日圓左右。

知識星球的功能也相當齊全，有「評價功能」讓會員可以自由給予評價、有「作業功能」讓管理員出題給會員練習、有「檔案共享功能」可以上傳會員感興趣的檔案，也有「招待功能」鼓勵用戶招待新會員加入就可以獲得獎勵等。

商業模式

■ 主要的收入來源

- 收入分成

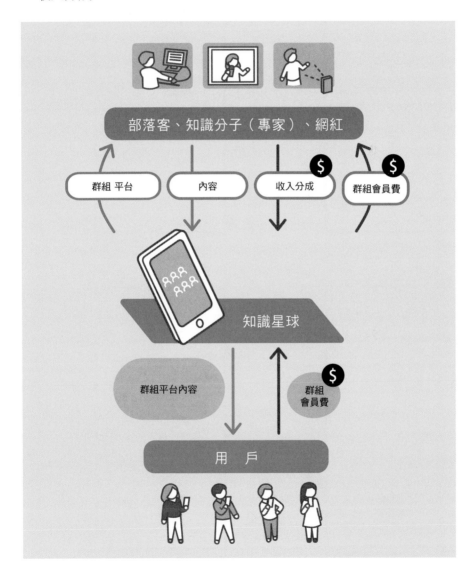

主要功能與UI的特徵

App主畫面

「星球」的主頁。這裡可以看見管理員的投稿，也可以提問

（範例）「韓文徵人星球」。韓文的徵人資訊以及中文、韓文的專業用語翻譯等內容

也有管理員是學校的老師，藉此出題或回答學生問題

可針對特定主題做討論的「圓桌會議」功能。可藉此認識相同興趣的用戶

依照用戶的瀏覽歷史紀錄推播相關的文章，想看全部內容必須加入此「星球」

「星球」的排行榜會依照消費累計金額與活動頻繁程度每小時進行更新

App內以「星球幣」交易的畫面。加入要收費的「星球」時可用來支付

05

比日本Twitter還先進的中國版Twitter

微博（Weibo）

企業名稱：北京微夢創科網絡技術有限公司

累計用戶數	月活躍用戶數	推出年份
非公開	**5.1**億	**2009**年

對一般用戶以及在中國經商的企業來說，這是最不可或缺的App

雖然大部分的民眾都認為微博相當於中國版的 Twitter，但實際上微博的功能早就遠遠超越 Twitter 了。

除了基本的照片、影片、GIF 圖片的投稿功能外，還具有訂閱直播的功能、可以打賞直播主的「抖內」功能。

此外，也有透過 App 就能輕鬆進行問卷調查的投票功能，以及能向普羅大眾諮詢問題的「知識家」功能。

其他還有商品抽獎功能。可以贈送小額禮金的紅包功能。

在微博上銷售商品的功能。電影或音樂等內容、在店面等網頁可以留言的功能。可以上傳高達十萬字以上長篇文章的功能等，相當多元。而且，微博還可以玩許多遊戲。

微博能執行上述功能是因為對外公開了 API（開發 App 介面，Application Programming Interface）的關係。現在，總共有數千間以上的第三方企業都投入微博開發新功能了。

商業模式

■ 主要的收入來源

- 廣告費　等

需求與成長背景

中國國內無法使用Twitter，對年輕世代來說，可以發表自己的想法、輕鬆就能與名人交流的微博，是不可或缺的。相對地，對於被關注的名人或者企業來說，這也是維持自己人氣的重要手段之一。

因為擁有龐大的用戶，所以生態系統會自然誕生所謂的「關鍵意見領袖」（Key Opinion Leader，簡稱KOL），也就是網紅。

對於在中國經商的企業來說，微博以及擁有高影響力的關鍵意見領袖是不可或缺的要素。只要商品、服務搭配關鍵意見領袖，就可以在微博展開線上行銷活動。

由於能活用龐大的資訊，詳細設定住址、家族構成、收入、興趣等，所以可以有效提高推播廣告的精準度。

另外，因為一般投稿也能廣告化，所以特徵是使用手機就能輕鬆編輯廣告文宣。

■ 三項重大進展

1	2012年	對外公開API，提升方便性與收益性	因為公開API實現了多功能化。吸引用戶使用微博就可以從App開發者以及投稿者那裡獲得利益分成，提高收益性。
2	2014年	透過細分資訊，大幅提升瀏覽量	開發自動細分的演算法，細分流行話題、股票、觀光、電影、汽車、食品、美容、醫療、服務等各種投稿內容。可以因應用戶的興趣推播適當的資訊、廣告。
3	2017年	開始推出多頻道網路（MCN）	投資多間培養關鍵意見領袖（簡稱KOL）的事務所。規劃主導下一代能活躍於微博的明星。

主要功能與UI的特徵

App主畫面

可投稿各種文字、照片、
影片、報導、直播等

可依排行檢索有趣的
主題投稿

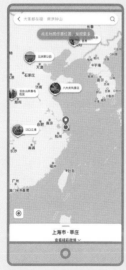

「同城」功能可以檢索
觀光地等特定區域的
相關投稿

「超級話題」功能可以
跟喜歡同一個藝人的
粉絲互相交流

可以投稿短片的「短片」
功能

06

全世界最受歡迎的短片投稿平台

抖音（TikTok）

企業名稱：北京微播視界科技有限公司

累計 用戶數	非公開	月活躍 用戶數	**5.1**億	推出年份	**2016**年

不是只能看影片，其多功能性也備受矚目

在日本大家對抖音這個投稿短片的 App 並不陌生。

十五秒的短片搭配內建的豐富音源，任何人都可以用這個 App 簡單編輯或投稿短片作品。

自二〇一九年三月起變更成只有頂尖用戶可以投稿五分鐘的影片。

其中，唱歌跳舞的影片最容易令人印象深刻，不過，也有許多企業會在電子商務網站上設置短片連結，巧妙地活用十五秒短片來宣傳商品等。

另外，抖音不只可以投稿、瀏覽影片而已，還可以創建社群，讓志同道合的用戶彼此交流，其他也有可以招待 QQ、微信、微博用戶加入的功能。這些功能成功地吸引不少新用戶加入。

抖音也如同 BAT（百度、阿里巴巴、騰訊）一樣，雖然經營是以中國國內為中心，但特徵是也有積極朝向海外發展。

商業模式

■ 主要的收入來源

・廣告費　・收入分成　等

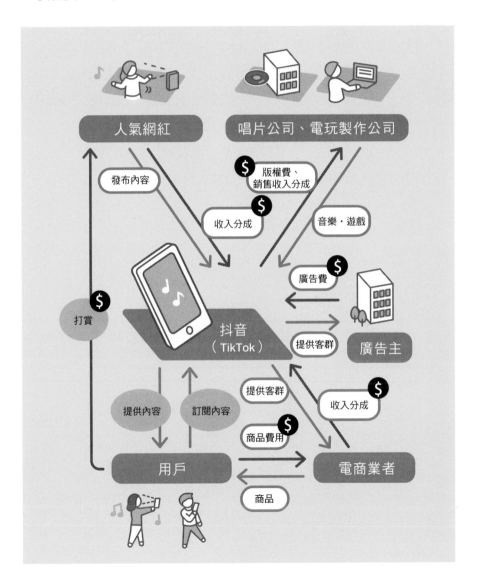

需求與成長背景

抖音最大的優勢在於內容「短」以及豐富的音源。

網路上的內容隨著各式各樣的影片上傳而日益充實，相對地用戶花在每個內容的視聽時間也跟著逐漸減少。雖然抖音的影片只有短短十五秒，但是從影片中可以看到濃縮的精華，抖音的人氣因此瘋狂暴漲。

有許多當紅藝人都有創建抖音帳號，藉此積極地與粉絲交流。此外，還有「藝人人氣排行榜」，排名會依照粉絲數與影片瀏覽數而變動，粉絲想要幫喜愛的藝人累計人氣就可以參與瀏覽影片並按讚來分享等活動。

另外，再加上抖音收購了音樂平台，每年都支付數百億日圓的版權費給唱片公司，所以用戶可以拿熱門歌曲設成背景音樂使用。

抖音這樣的組織結構也被企業活用當作行銷手段之一，例如把下個月公開的電影主題曲當成背景音樂，以提升電影的知名度等。

■ 三項重大進展

1	2017年	當紅藝人投入網紅行銷	當紅藝人或演員等可以投稿置入抖音商標的官網影片來做行銷。
2	2019年	演算法更新升級	活用母公司經營的新App（參見「今日頭條」）演算法，大幅提升推播資訊的精準度以及排名的公平性。
3	2020年	招聘迪士尼樂園的副社長接任CEO一職	2020年5月招聘美國華特迪士尼公司的下一任副社長梅耶爾（Kevin Mayer）來接任CEO一職（任職3個月後離職）。Kevin Mayer因經手收購Hulu開辦迪士尼＋（Disney＋）而著名。

主要功能與 UI 的特徵

App 主畫面

編輯影片時可以使用各種
效果與背景音樂

粉絲之間或者與直播主
之間都能互相交流的社
群功能

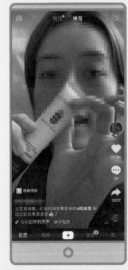

在 EC 電商網頁上設置
連結網址可以促銷、
銷售商品

國外品牌的廣告影片。
一鍵就能購入

直播聊天功能也可以打賞

07

連接網路與現實的美妝綜合平台

小紅書（RED）

企業名稱：行吟信息科技（上海）有限公司

| 累計
用戶數 **3**億 | 月活躍
用戶數 **1.7**億 | 推出年份 **2013**年 |

具備點評論壇、電商網站、社群媒體功能的美妝資訊專用App

小紅書是美妝的電商兼資訊交流平台。

簡單來說，就是提供「美妝」加上「Instagram」（IG）的服務。

用戶透過社群媒體功能，主要分享化妝品的網友評價、熱門商品、商店資訊，以及推薦的商店位置等。

介面以照片為主，比起內文，圖片占了絕大部分，這裡也可以上傳影片。

企業也活用小紅書當作行銷通路，這裡除了知名人士外，也有深具魅力的個人用戶，化妝品公司會找擁有高瀏覽數的用戶（知名網紅）合作等。

另外，也具有電商功能，零售店也可以在「小紅書」內開店。

二〇一八年開設了直營的實體店面，對於顧客體驗與提升品牌力有很大的貢獻。

商業模式

■ 主要的收入來源

・電商收入 ・廣告費 等

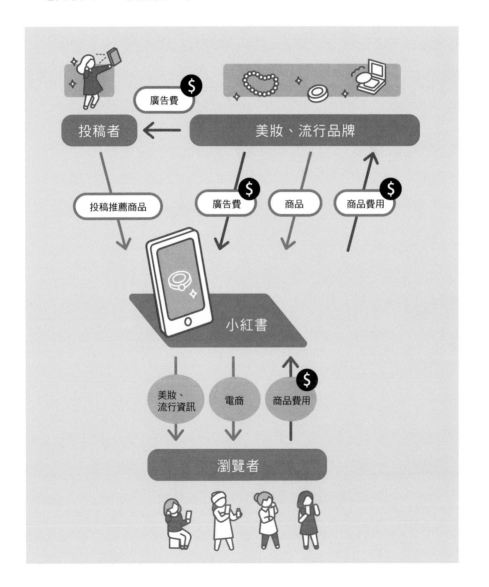

需求與成長背景

小紅書本質屬於電商，由於提供了社群媒體的平台，用戶人數不斷攀升。特徵是時間軸可以顯示符合自己喜好的投稿，並且還可以直接連結購買。此外，還可以掌握用戶位置、自動顯示附近的餐廳或商店、活動等相關投稿或廣告等，有效促進用戶的購買行動。

小紅書的服務還擴展到美國、英國、澳洲等國，這些國外用戶具有高影響力。

電商功能主要是類似日本「樂天市場」那般提供零售店來此開店。由於相當容易比價，所以用戶能選擇最優惠的商店來購買商品。

還有，實體店面使用擴增實境（AR）技術，提供顧客體驗各種美妝化妝品等，結合了虛擬與現實，讓顧客享受便利性與樂趣的同時也能多樣體驗。

■ 三項重大進展

1	2016 年	活用大數據與AI，開發自動推播資訊的功能	可以掌握用戶的興趣與喜好，能更精準地推播投稿與廣告。
2	2017 年	與許多國外品牌合作	澳洲的保健品牌 Blackmores、Swiss、日本的美妝等，與許多品牌進行戰略合作。增加品牌數量、獲得用戶的信賴（可以購得正品）。
3	2018 年	實體店面「RED home」正式開幕	上架銷售的商品可以到實體店面試用體驗，有效提升用戶的體驗價值。

主要功能與 UI 的特徵

App 主畫面

檢索商品名稱就可以
看到美妝的試用影片

KOL 介紹商品的影片，
內容也相當充實

商店頁面的 UI

電商購物平台也有銷售
大品牌

不只美妝，也可以看到
餐廳或商店的資訊與網
友評價

08

可以線上共享知識和經驗的巨大平台

知乎（Zhihu）

企業名稱：北京知者天下科技有限公司

| 累計
用戶數 **2.2億** | 月活躍
用戶數 **2015萬** | 推出年份 **2011**年 |

豐富功能且提供可以訂閱直播或專題論壇的「知識家」等服務

　　知乎提供所謂「知識家」的服務，可以向不特定的對象諮詢想知道的事情，也可以共享自己本身擁有的知識與經驗、技能。

　　由於曾經被提問過的問題都有分類記錄，相當容易檢索，而且內容還網羅了人們各種疑問，所以許多人都把知乎當作線上百科全書來使用。

　　其他還有許多功能可以訂閱直播、創建討論專題的論壇、追蹤有興趣的其他用戶等，也有直播主能在線上開設講座或銷售商品的功能，以及類似日本「note」一樣可以投稿文章的功能等。

　　另外，也有社群功能可以讓擁有相同興趣的人共同討論特定主題，社群內也可以進行猜謎或投票。

　　當用戶年繳一百九十八元人民幣成為收費會員後，就可以看名人發布的文章，或者盡情瀏覽電子書與雜誌、參加講座、享受留言時可以附上照片等服務。

商業模式

■ 主要的收入來源

・訂閱收入 ・知識付費 ・廣告費 等

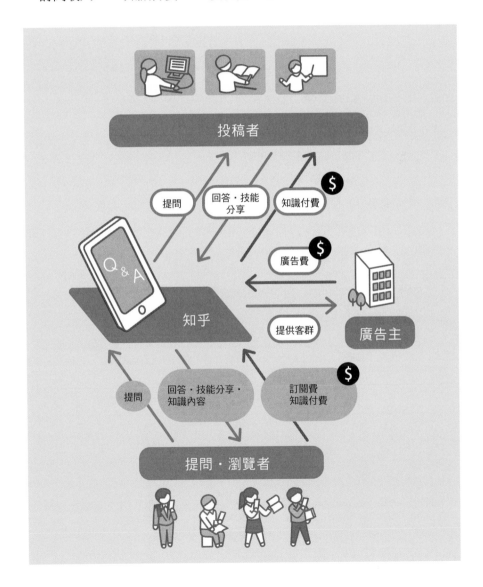

需求與成長背景

知乎可以受到大部分用戶的青睞，主要原因之一就是有高品質資訊。

現在，每個人都可以使用知乎來查資訊，不過，二〇一三年以前，為了確保資訊與討論內容的高品質，只有受到符合入會資格的人邀請才可以加入。

如今雖然對外全面公開提供服務，但也有採取各種措施以維持社群品質，例如會對回答問題的答案品質加以排行，品質較低的問題和答案則採非公開方式等。

很多人會使用知乎詢問或者議論世界情勢、經濟、商業等相關問題，其中，獲得高評價的用戶就像 KOL 般的存在，常會有媒體預約採訪，享受名人般的禮遇。

另外，知乎不只是想諮詢什麼的時候才會使用的「知識家」，平時也可以當作社群媒體使用。藉此可提升用戶的參與度，吸引用戶的關注。

■ 三項重大進展

1	2013年	停止「招待制註冊」，完全開放註冊	用戶的註冊門檻大幅降低，僅一年註冊人數就從原本的 40 萬人急速增加到 400 萬人。
2	2016年	直播即時問答服務正式推出	推出直播訂閱服務後獲得廣大回響，半年內就有 43 萬以上的用戶參加。
3	2019年	開始收費會員制的服務	充實收費會員的特刊，增加 VIP 內容等。推出後僅一年會員規模就增加了 4 倍。確立了廣告收入和會員會費收入的主要成長模式。

主要功能與UI的特徵

App主畫面

回答提問的問題、
可以提問任何事

也有可以投稿影片的
社群媒體功能

可以付費請教各領域的
專家,也可以瀏覽過去
曾被提問過的問題

可以多人討論特定主題

也能購買電子書。付費
會員享有折扣

09

具備多樣功能的社交App

陌陌（MOMO）

企業名稱：**北京陌陌科技有限公司**

累計 用戶數	非公開	月活躍 用戶數	**1.1**億	推出年份	**2011**年

特徵是功能多、不同於交友App

以中國大型社交 App 來說，普遍認為「工作用 QQ，生活用微信，交友用陌陌」，基本上這些都可免費使用。

特徵是多功能，與一般所謂的「交友 App」截然不同。

陌陌有一對一交流、一對多交流的功能，也有如同社群媒體一般可以在社群內彼此交流的功能等。考慮到用戶大都為年輕族群，因此也設有可夜間利用與不收費的功能。

一對一交友功能的「點點」是尋找該時間處於同區域且可以對話的人，只要點擊螢幕上「有興趣」的按鈕就可以互相交流。

另外，一個直播主可以同時與多位用戶聊天，也可以透過直播聊天的功能得到用戶打賞，有些網紅甚至還擁有龐大粉絲。

至於收費服務則有多數人能同時參與且能互相對談的線上 Party 功能，以及收看線上直播 Party 的功能，還有讓用戶們透過遊戲交流的功能等。

商業模式

■ 主要的收入來源

・訂閱收入　・收入分成　等

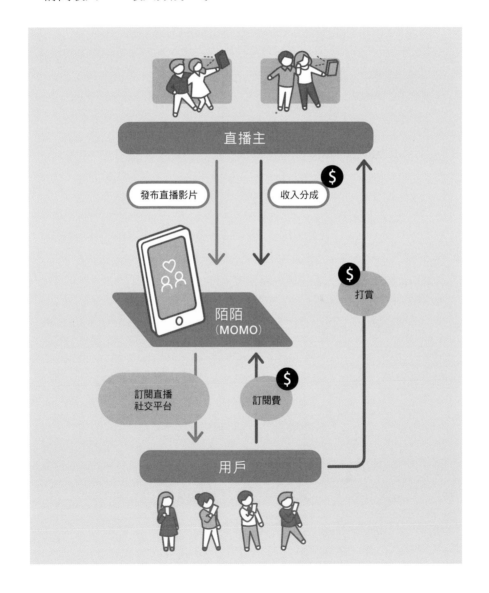

需求與成長背景

陌陌成長的原點是用戶們彼此分享自己的位置，以便與附近的人交流。只要一鍵就能與附近用戶交流的方便性，成功擄獲三十歲族群許多男女的心，二〇一二年在 Apple 的「App Store」中也被選為「最熱門的 App Top20」等，深獲大眾好評。

現在，陌陌的直播功能不是只有單一用戶能進行直播而已，而是多數人可以同時開啟「影像功能」、「語音功能」等來開線上 Party，功能相當豐富。

陌陌直播功能的未來趨勢相當被看好，所以陌陌致力於充實功能、規劃活動招待知名演員來開直播等，積極推廣、行銷，成功提升了會員數。

而且，透過大數據還可以依據用戶的居住地區、登入時段、性別、終端設備型態等，推播適合的廣告。陌陌最大的優勢是擁有實時競價（Real Time Bidding，簡稱 RTB）廣告系統。

■ 三項重大進展

1	2014 年	在那斯達克股票交易所上市	在美國市場公開募股籌得 2.16 億美元的資金。2020 年 11 月的總市值已經達到約 32 億美元。
2	2016 年	追加訂閱直播功能	推出那一年，光是這個事業就賺了約人民幣 26 億元，成為中國當時收入最高的直播平台。
3	2018 年	收購大型社交 App「探探」為旗下子公司	為了強化社交事業，收購持有龐大用戶約 1.1 億人（約 75% 是 90 年代出生）的熱門社交 App「探探」。用戶量因接收了 90 年代出生的龐大年輕族群而大增。

主要功能與 UI 的特徵

App 主畫面

滑動畫面就可以尋找
對象，或者按讚

訂閱直播功能。有舞
蹈、運動等各種項目

為了促進交流備有許多
遊戲

能與其他用戶交談的
虛擬空間遊戲

聊天室也可以透過唱歌
或遊戲等進行交流

關於中國主要的 IT 企業

自二〇〇〇年代以來直到最近這幾年，中國 IT 業界深深受到檢索引擎「百度」、電商事業「阿里巴巴」、遊戲與聊天服務「騰訊」的影響。「BAT」就是分別取自這三間公司英文名稱的頭一個字。可是，這幾年來新的企業如雨後春筍般不斷冒出，這個業界的版圖也隨之起了變化。

其中，成長最為顯著的前三名是新聞網站的「今日頭條」（Toutiao）、餐飲外送與預約服務的「美團」（Meituan）、以及叫車平台的「滴滴出行」（DiDi）。這三間公司被合稱為「TMD」，是如今中國 IT 業界的新三大巨頭。其他還有電商的「京東」（JD.com）、社交電商的「拼多多」（Pinduoduo）、IoT 服務的「小米」等在旁虎視眈眈。自幾年前起，曾經是中國 IT 大公司代名詞的「BAT」，地位已經開始動搖了。

如上所述，中國優秀的創業家接連不斷地投入 IT 企業，市場也以驚人的速度在篩選與淘汰，各企業面臨到相當巨大的競爭威脅。可是，這樣的競爭反而可以促進業界新陳代謝，這也是 IT 企業成長的原動力之一。

實際上，檢索引擎領域中市占率達到八成以上的百度，其總市值正逐漸減少中。最大的原因歸咎於沒有對手，所以不構成競爭，投資家覺得這樣已經無法再繼續成長了。

速度與競爭，是促進中國數位商務進化最不可或缺的要素之一。

第 2 章

生活

10

中國最大的消費者點評論壇

大眾點評（Dianping）

企業名稱：**上海漢濤信息諮詢有限公司**

累計用戶數	月活躍用戶數	推出年份
6 億	**1.5** 億	**2003** 年

在中國生活不可缺少內容豐富的萬能App ！

「大眾點評」是一個可以投稿或瀏覽消費者評價的 App，世界上所有想得到的服務，例如餐廳、飯店、電影、美容、結婚會場、旅行、點外賣、補習班等，都可以透過這個 App 查詢網友評價。

除了投稿或瀏覽網友評價外，光使用這個 App 就可以完成許多有關生活的大小事，例如預約、支付、取得優惠券、購買、申辦電子會員卡等。

另外，也有社群媒體功能以及為數不少的社群。功能與一般社群媒體功能一樣，可以關注他人或者按讚。

二〇一五年與競爭對手美團（中國版的「Tabelog」）合併。此後，大眾點評便順利獲得大量的顧客資訊，這點優勢幾乎讓其他企業望塵莫及。憑藉這項優勢，吸引了不少用戶與企業，市占率高達八成，在中國儼然已經成為生活中最不可或缺的 O2O（Online To Offline，又稱線下商務模式）服務。此外，也十分積極朝海外市場發展，含日本在內總共在一百六十五個國家發展地域性服務。

商業模式

■ 主要的收入來源

・會員費　　・廣告費

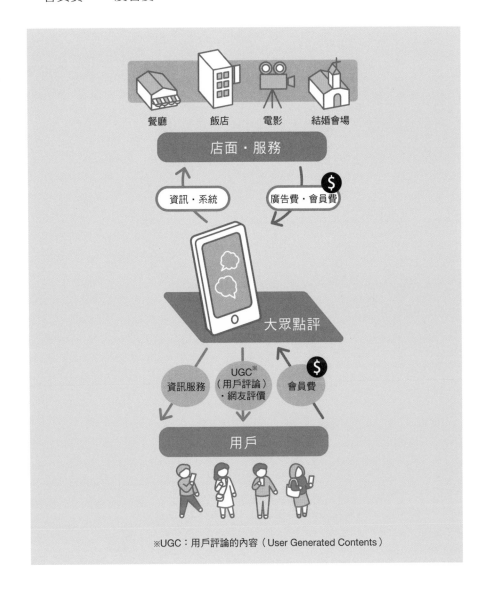

餐廳　　飯店　　電影　　結婚會場

店面・服務

資訊・系統

廣告費・會員費　$

大眾點評

資訊服務

UGC※（用戶評論）・網友評價

會員費　$

用戶

※UGC：用戶評論的內容（User Generated Contents）

需求與成長背景

中國人原本就比較重視點評論壇遠勝過媒體資訊了。而且，隨著網路環境與行動裝置急速普及，現在的生活只要一支智慧型手機就能滿足需求，用戶數也因此呈現爆炸性的成長。這一點對提供資訊給大眾點評的企業來說，也有極大助益。

其中，中國的餐飲業界是生活服務業界當中，最先進化成線上線下一體化經營的行業。

正因為如此，企業可以得到消費者資訊以及用戶的各種相關資訊，如此一來便能正確適宜地推出行銷活動了。

大眾點評長年累積的大量資訊，不但吸引了消費者，對企業來說也是不可或缺的存在。

除了餐飲以外，其他像結婚會場或裝潢業者等各種服務都有點評論壇。

這些雖然算是不常使用的服務，但是集中在同一個平台，就有助於提升使用率與收益。

還有，大眾點評有全球各地店面的點評論壇。因此，對於想要吸引中國觀光客的日本餐廳與飯店民宿業者來說，大眾點評是一項十分重要的 App。

■ 主要的資金來源

籌措資金	籌措資金時期	籌措資金總額	投資者
合併	2015 年	-	美團
E 輪融資以後	2015 年	8.5 億美元	復星集團／TEMASEK／萬達集團／小米科技／GIC／Tencent Capital
E 輪融資	2014 年	非公開	China broadband capital／Grit Ventures
D 輪融資	2012 年	6400 萬美元	紅杉中國／Capital Today（China）／致景投資
C 輪融資	2008 年	1 億美元	紅杉中國／Qiming Venture Partners／cyzone／Lightspeed China Partners
B 輪融資	2007 年	2500 萬美元	紅杉中國
A 輪融資	2006 年	200 萬美元	紅杉中國

■ 三項重大進展

1	2005 年	發行會員卡	發行自家公司的會員卡。只要出示會員卡給大眾點評的合作廠商看，就可以獲得優惠。
2	2010 年	轉換成行動網路企業	從廣告事業撤資，投入共同購入等本地生活服務
3	2015 年	與美團合併	大眾點評因此次合併獲得人民幣 1700 億元的交易金額。

主要功能與UI的特徵

App主畫面。
簡單易懂的
UI可以立刻
找到想使用的
功能

每間餐廳的頁
面上都有刊登
菜單、餐廳的
位置地圖、優
惠餐券、網友
評價等

熱門的抽獎活
動可獲得指定
餐廳免費招
待。店面透過
這個活動可以
獲得PR與網
友推薦、吸引
其他顧客上門
等

不只餐廳,也
可以檢索其他
商業設施的資
訊。如設施內
的餐廳或店
面、樓層平面
圖、鄰近的停
車場等,提供
各種資訊服務

指定城市可以檢索到當地人推薦的熱門餐廳以及遊樂場所。可預約，也可分享至微博、QQ或微信

除了中國國內，也可以預約世界各地的餐廳或觀光地，同樣使用UI就可以取得資訊

大眾點評App也有提供「美團」預訂外送或叫車、「貓眼」預約電影票券等服務（照片是美團訂購外送服務的頁面）

社群功能相當充實，有助於提升用戶黏著度。用戶可以追蹤或點讚，具有與社群媒體同樣的功能

11

中國最大的不動產平台

鏈家（Lianjia）

企業名稱：北京鏈家房地產經紀有限公司

累計 用戶數	**3000** 萬	月活躍 用戶數	**549** 萬	推出年份	**2001** 年

不只租賃、買賣，也能代辦申請貸款以及安排搬家事宜

中國最大間的不動產仲介服務公司。類似日本「SUUMO」的App。由於營運公司是不動產業者，所以特色是這個軟體可以一站式交易。除了個人「租賃」、「買賣」住宅以外，也有店面或辦公室等物件，就連國外的物件也能租借。

受歡迎的原因之一是 UI 簡單好用。想要參觀房子屋內情況時，只要開啟 App 透過 VR 和語音通話的方式就能參觀，而且還有提供房屋貸款或翻修、搬家等服務。另外，也設有實體店面，只要事先透過 App 預約，去店面時就能直接前往現場參觀房子。而且，若有不清楚的地方還可以透過即時通訊諮詢，這點也是此 App 的特色之一。

相較於日本，中國不動產買賣的相關制度相對寬鬆，因此比較容易遇到不道德的仲介業者因而產生糾紛。

鏈家秉持著「物件真實存在」、「現正熱銷中」、「價格實惠」、「刊登真實且未經修圖的照片」這四個理念，提供正確且豐富的資訊給客戶，也因此獲得許多信賴。

商業模式

■ 主要的收入來源

・房屋仲介買賣服務費 ・租賃手續費 ・住宅貸款利息收入 等

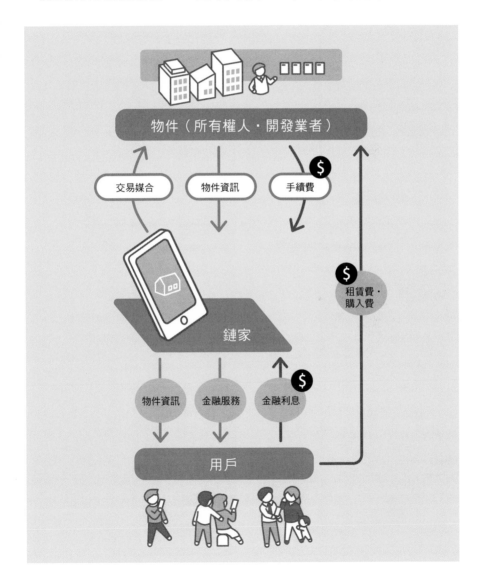

主要功能與UI的特徵

App 主畫面

在主畫面輸入
城市後會出現
更詳細的功能
選項畫面

介紹中古物件
的畫面。不只
顯示建築物內
的照片，也會
介紹周邊環
境、稅金等更
詳細的資訊

「VR語音視
聽」服務可以
線上聽仲介人
員的說明，同
時可透過VR
參觀屋內情況

除了中國國內,也能檢索國外物件的詳細資訊。可以與仲介人員進行線上諮詢

此 App 可以閱覽不動產相關知識,如專欄或新聞

只要在搬家服務系統輸入日期、時間、目的地、車輛種類等,就可以得到線上估價

住宅翻修系統可以估算部分裝修翻新、全屋裝修翻新以及設計的價格。也可以指定裝潢設計師

12

中國最大的分類廣告服務

58同城 (58.com)

企業名稱：58 趕集有限公司

累計用戶數	月活躍用戶數	推出年份
5.8億	**6489**萬	**2011**年

找工作、中古商品買賣、不動產交易⋯⋯等，內容包羅萬象的巨大布告欄

可以檢索、利用地域裡所有服務的綜合生活資訊 App。

只要事先設定自己居住的城市，所有與生活相關的服務，不管是找工作、找住宅、買賣車子或不動產、住宅修繕、整理家務、結婚等，都可以透過這個 App 來檢索、預約、利用與支付。

因為開啟一個 App 就可以利用自己居住地域裡所有的服務，相當便利，也因此吸引許多人使用。

另外，社群功能也有「徵人資訊」、「尋找友人」、「相親」等各種項目，提供用戶們互相交流的場所。

像這樣依照目的、地域區分的廣告，稱為「分類廣告」，在這個領域中 58 同城是中國最熱門的 App。

二〇一五年收購同樣是分類廣告公司的「Ganji.com」（趕集）後，晉升為總市值超過一百億美元（當時）的企業。

商業模式

■ 主要的收入來源

・廣告費　・會員費　等

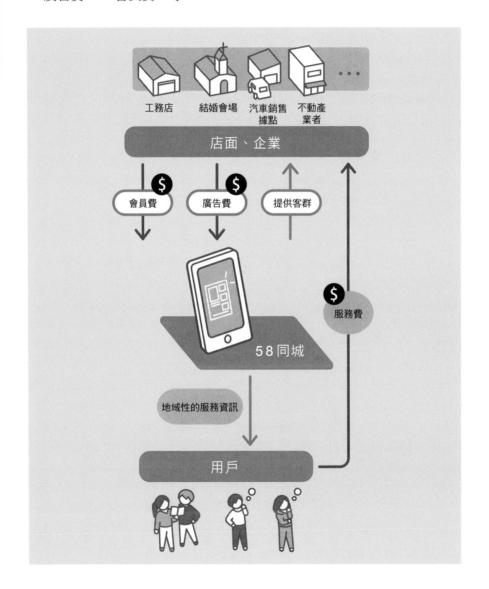

需求與成長背景

58同城的優勢是以資訊量與區域密著型為主的商業模式。

以納入住宅修繕和結婚等使用頻率較低的服務來說，乍看之下似乎效果不佳，但如果把那樣類似的服務統統加進來，就可以達到營業額最大化，有效提升收入。

然後，由於能利用的服務範圍變廣了，也成功提高了用戶的黏著度。

58同城的商業模式是讓地域內的人都能活用地域內的資訊。

地域範圍涵括多達五百個都市，對於各都市裡的中小企業來說，為了讓大家利用自家公司的服務，這套軟體是最不可或缺的工具。

58同城也可說是因為採用這種區域密著型的商業模式，才能有如此顯著的成長。

■ 三項重大進展

1	2011年	開始在電視上播放廣告	聘請當紅演員楊冪，開始在電視上播放廣告。
2	2013年	在美國正式掛牌上市	在紐約市場掛牌上市。最終發行價格是 1ADS（American Depositary Shares：美國存託股）報價17美元，開盤21美元，第一天的收盤價暴漲42%（2020年被美國投資集團收購、非公開化）。
3	2015年	收購競爭對手企業 Ganji.com（趕集）	以4億1220萬美元和新發行3400萬股收購同業的競爭企業 Ganji.com。此後，從削價折扣戰的促銷競爭中抽身，收入穩定。

主要功能與UI的特徵

App 主畫面

徵人資訊中也可以透過
各種資訊或地圖位置查
詢通勤時間

此App可編輯履歷表並
寄發應徵信

可以利用清掃或配送
等各種居家服務

代理駕駛預約服務。有
多間公司名單提供用戶
選擇

這個社群媒體功能可以
選擇有興趣的項目參加

13

主打團購服務的超級App

美團（Meituan）

企業名稱：美團點評

| 累計用戶數 **4.6億** | 月活躍用戶數 **1.6億** | 推出年份 **2011**年 |

中國最大的O2O平台

美團是中國第一個提供團購優惠服務（提供類似美國「Groupon」的服務）的App，現在也有提供電商、點評論壇、預約電影和飯店、食物外送、民宿、叫車、共享單車等服務，服務範圍相當廣泛，已經成為中國最大的O2O（Online To Offline）平台了。

二〇一五年與「大眾點評」合併，之後也以同樣的App提供同樣的服務。

特徵是食物外送服務的市占率為中國排名第一，旅行和預約電影方面的市占率也不容小覷。

還有，美團正在進行以機器人和無人機提供外送服務的研究，二〇二〇年因新冠肺炎肆虐的影響，開始採用外送機器人配送日常用品給居家隔離的民眾，這等於開啟了零接觸配送服務的序幕，獲得世界眾多矚目。

商業模式

■ 主要的收入來源

・廣告費　・訂閱收入　等

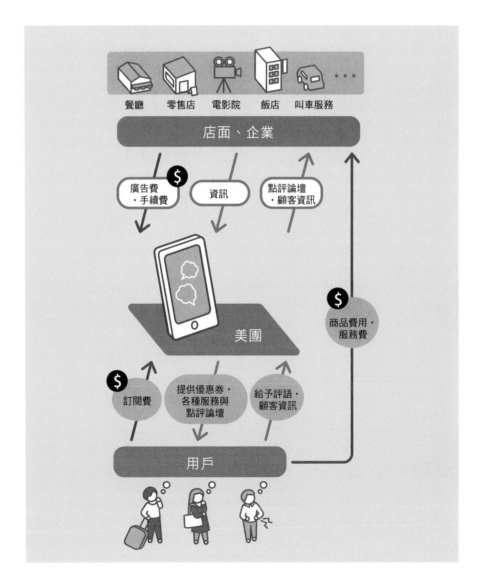

需求與成長背景

在琳琅滿目的眾多 App 當中，美團一個 App 就能使用各種功能，對用戶來說這可是大大提升了使用的方便性。

美團的商業模式從提供優惠的 App 轉換成 O2O 平台，為成長奠定了基礎。

還有，二○一五年與大眾點評合併這件事也對美團的成長有極大的貢獻，二○二○年的用戶數已經超過四億六千萬人了。

後來，還收購了共享單車的「摩拜單車」等，事業版圖持續擴大。

二○二○年發生新冠肺炎後，因應居家隔離的措施，對食物外送與電商的需求也跟著日益高漲，紛紛推出可以透過 App 訂購超市商品的功能。米、麵、穀類、調味料、蔬菜水果、餅乾零食等，這些日常用品的銷售，與前年同期相比已經成長超過四倍（二○二○年一月二十六日至二月八日）。

二○二○年時的總市值超過一千億美元，在中國 IT 企業的排名中躍升為第三名。

■ 三項重大進展

1	2013 年	從團購優惠服務進化成 O2O 平台	最初的 O2O 服務，是餐廳與飯店的預約功能先上線。2017 年美團經手的飯店預約數已經超過中國預約飯店服務最大間的 Ctrip。
2	2015 年	與大眾點評合併	合併後，美團成為中國總市值排名第 4 名（現為第 3 名）的網路企業。
3	2018 年	在香港證券交易所正式上市	上市後一開盤就漲 5.7%，總市值超過港幣 4000 億元。

主要功能與UI的特徵

App 主畫面

只點一杯珍珠飲料也能
送達的餐飲外送

餐廳資訊中有大眾點評
的點評論壇

顯示地圖的畫面可以
直接叫計程車

可以預約世界各國的
飯店或機票、火車票

提供適合店面業主的
商業知識「美團大學」

14

中國版的「Uber Eats」

餓了嗎（elema）

企業名稱：**上海拉扎斯信息科技有限公司**

累計用戶數	月活躍用戶數	推出年份
2.6 億	**8900** 萬	**2009** 年

不只外送，也能代購商品，主打便民服務

餓了嗎是二〇〇九年由學生創辦的食物外送服務。二〇一二年推出App，二〇一七年被阿里巴巴以九十五億美元收購。

餓了嗎的特徵是不只食物外送，還可以委託代辦許多事物，例如到超市或蔬果店、超商（即使只要買一個超商販賣的飯糰也能送達）等代購商品，以及外送專科醫生開立的藥（一些非管制的藥品）等。

其他也有與朋友一起團購就能享有優惠的服務，以及提醒午餐或晚餐時間的服務。

另外，還可以檢索整骨和按摩、KTV、健身房等娛樂設施，也可以查詢評價、團體優惠等，食物外送以外的功能也相當豐富。

付費會員（月費人民幣六元）可以獲得優惠券或點數，也能購買會員限定的商品，以及利用顧客服務中心等。

商業模式

■ 主要的收入來源

・展店費　・廣告費　・收入分成　・訂閱費收入　等

需求與成長背景

中國有許多企業投入宅配服務，顧客與外送員的爭奪戰日益激烈。

餓了嗎可以即時顯示外送員的位置資訊，有助於掌握整段宅配過程，與顧客應對時也可透過線上即時通訊或電話，即便退款也只要一鍵就能完成等，所提供的服務讓顧客可以安心利用。

然後，外送員的待遇十分優渥，除了能自己選擇要打工兼差或者選擇全職，也可依照訂單數量投保，並且還有完善的獎金制度等，待遇好到讓許多外送員趨之若鶩，也因此得以確保外送員的人數。

App中設計了一款模擬遊戲可以體驗外送員這門職業，要應徵也可以透過App登記等，輕輕鬆鬆就能加入行列並開始自己的外送員生涯。

另外，物流領域也不斷地改善進化中，例如活用大數據因應餐廳需求發展生鮮食品配送事業，在自家住宅以外的場所配置附有保溫、保冰功能的宅配BOX（宅配保溫箱），以便領取訂購的餐點，以及開始嘗試以無人機執行無人配送等。

■ 三項重大進展

1	2012年	正式推出線上支付功能	在App上完成支付，不用與外送員有金錢往來，大幅提升便利性。
2	2018年	推出生鮮食品市場功能	除了食物外送以外，也開始宅配生鮮食品。開始提供服務的頭三個月，光是一天的營業額就達到人民幣400萬元。
3	2018年	開始嘗試以無人機宅配	開始在部分區域嘗試以無人機提供宅配服務。2021年的現在，上海也開始提供同樣服務。同時，也持續開發機器人宅配等，致力發展無人化宅配。

主要功能與UI的特徵

App 主畫面

由於分類比較詳細，所以
馬上就能找到想吃的品項

能即時掌握外送員的
位置相對安心

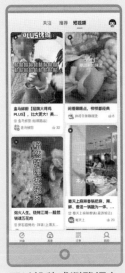

可以投稿或瀏覽網友
推薦餐廳的影片與
PR影片

外送藥品的功能可以
與醫師對談諮詢

為了吸引民眾加入外送
行列，設計一款能體驗
外送員工作的遊戲

15

自如 (ziroom)

從參觀屋內實況到支付租金都可線上解決的不動產租賃App

企業名稱：北京自如生活企業管理有限公司

| 累計
用戶數 **300** 萬 | 月活躍
用戶數 **53** 萬 | 推出年份 **2011** 年 |

App的功能完善，商業模式也備受矚目

使用自如App可以檢索該公司經手的公寓、分租套房、學生宿舍等租賃物件，還可以進行線上簽約。

App內有電商，不但能購買家具、家電等，還能預約搬家、打掃、修理等服務。

刊登的物件都有錄製介紹影片，即使用戶沒有親臨現場查看屋內實況，也能清楚了解該物件的狀態與隔間，還能進行線上簽約。此外，當支付租金或水電費、甚至遇到麻煩想要諮詢時，都可以透過App進行線上諮詢。

自如的商業模式是提議土地所有人建造標上自家公司品牌的公寓，以提高收益，另一方面則發行公司債，以不動產作為擔保向投資者籌措資金。這個模式曾經被哈佛商學院以個案研究的方式介紹。

商業模式

■ 主要的收入來源

・租金收入　・各種服務費　等

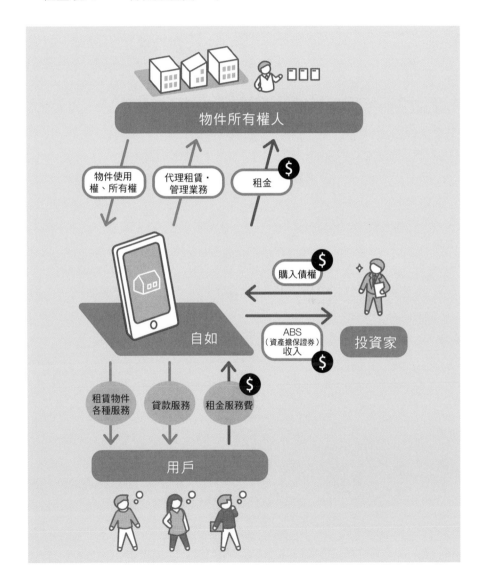

需求與成長背景

中國出租房屋的件數原本就不多，前往大都市工作或求學的學生想要尋找一個安穩的落腳處並不容易，更何況還有安全性、不當被索取高額保證金以及物件品質差等許多不動產相關的問題。正因為如此，小坪數套房的需求很大，因為學生和社會新鮮人幾乎都是選擇住在公司宿舍或分租套房。

自如提供各種服務，當用戶對簽約的房子不滿意時，只要三天內提出便可無條件變更物件，有問題也可以透過線上即時通訊直接與管理者商量等，用戶可以安心利用。

自如在中國國內需求較高的九大都市中推出漂亮且安全性高、可以長期租賃的自營品牌物件，在三百多萬人的用戶當中，以年輕族群居多，房東人數也高達五十萬人。

二〇一八年獲得騰訊六百億日圓以上的融資，二〇二〇年也獲得軟銀願景基金約五百二十七億日圓的融資。

■ 三項重大進展

1	2015年	建立個人信用評分系統	導入以履行契約歷史紀錄、行動歷史紀錄、外部信用評分等為基準的信用評分系統。由於評分高的人免付押金，因此成功吸引可信度高的用戶。
2	2018年	推廣預付租金與管理費	向用戶推廣預付租金和管理費，以改善資金運用。相對地，在本公司的信用評分中，預付的用戶也會提升其可信度。
3	2019年	鎖定9間大公司和社會新鮮人實施大規模活動	與叫車服務的DiDi、騰訊、美團等9間公司合作，並實施免收押金與第一個月租金免費的活動，共有1400間大學受惠。免收押金的金額總計約47億日圓，因為實施免收押金反而獲得許多新的用戶。

主要功能與UI的特徵

App 主畫面

所有物件都有實景影片可看

不只租金，水費電費都可以透過App支付

遇到設備故障時也可以透過App進行線上諮詢

電商網站可以購買家具、家電與生活用品

除了租客之外，物件所有權人適用的功能也相當充實

16

中國首創的智慧洗衣服務

輕氧洗衣（O.Young）

企業名稱：哈囉寶貝科技（北京）有限公司

累計用戶數	月活躍用戶數	推出年份
非公開	100 萬	2016 年

不同於傳統的自助式洗衣店，額外提供更充實的服務

輕氧洗衣是提供洗衣服務的 App。

服務內容主要有兩個，「①利用設置在商店或商務飯店的自助式洗衣店；②宅配洗衣是將要送洗的衣物放進設置在超商和社區、大學等地方的智能收衣櫃，然後以 App 指定清洗方法後，衣物會被收到該公司的洗衣工廠內清洗，洗好之後再送回原來的收衣櫃中。」

掃描洗衣機或置物櫃上的 QR Code 並指定清洗方法，接著只要付款就可以利用了。App 還附有監控清洗狀況以及回報機械故障的功能。

輕氧洗衣的方便性、高品質與低價格可說是攻占市場的武器之一。

與德國的高級家電廠商「美諾」（Miele）合作後，為了提供高品質的服務，將該公司製造的洗衣設備導入洗衣工廠中，投入金額大約是一般設備的五倍以上，另一方面，由於沒有設置實體店面，而且機械化也大幅降低了工廠的人事成本，所以消費者只要用一般洗衣的半價左右就能享受服務了。

商業模式

■ 主要的收入來源

· 洗衣費　· 自助式洗衣機的會員費　等

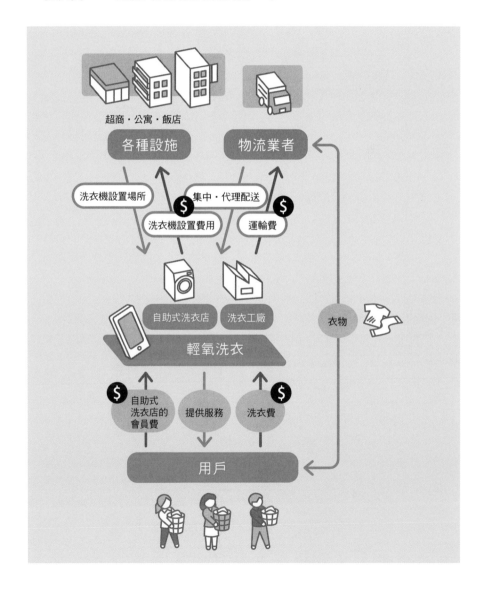

需求與成長背景

中國的食衣住當中,雖然食與住這兩方面的競爭相當激烈,但是在「衣」這方面,洗衣業界中傳統的洗衣店大都都是採用大公司或線上服務所沒有的藍海策略。

輕氧洗衣主要是瞄準學生和年輕單身族群,推出了前所未有的「智慧洗衣」,並且不斷成長至今。

二〇一七年九月開始正式提供服務後,前後僅花了三個月的時間,訂單量就突破了一百萬張。

現在,隨著事業版圖的擴展,已經可以提供法人或組織團體預約送洗制服、團體服等服務了。

該公司的成長性受到眾多企業的關注,目前總共獲得家電廠商海爾和分類廣告的 58 同城、投資公司的 IDC 等公司的融資,合計共人民幣一億元。

■ 三項重大進展

1	2018 年	獲得海爾、58 同城、IDC 等公司的融資	1 月獲得 IDC 等公司 735 萬美元的融資、7 月獲得海爾和 58 同城等公司 809 萬美元的融資,總計約 1544 萬美元。
2	2018 年	開始設置智能收衣櫃	開始在大學校內設置能放進送洗衣物的智能收衣櫃。與許多大學合作,市占率相當大。現在連超商或社區等地方也有設置。
3	2019 年	在武漢市設置大型洗衣工廠	設置大型的機械化洗衣工廠。由於設置了這個工廠,才能提供高品質、低價格的服務。

主要功能與UI的特徵

App主畫面

地圖可檢索附近的
洗衣店

細分素材與形狀等
分類，簡單易懂

設置在大學或社區內的
智慧型衣櫃

使用時可以透過App
指定衣物的種類與清
洗方法

每消費人民幣200元
可獲得50元的優惠券

17

提供與寵物有關的所有服務

有寵（Yourpet）

企業名稱：**廣州有寵網絡科技股份有限公司**

| 累計
用戶數 | 非公開 | 月活躍
用戶數 | 非公開 | 推出年份 | **2015**年 |

提供的服務項目之多，備受關注

關於寵物的綜合 App。只要使用這個 App，就可以使用「寵物的健康管理」、「愛犬家與愛貓家的社群媒體社群」、「解決寵物相關疑問的『知識』功能」、「檢索、預約動物醫院或寵物飯店、寵物美容」、「電商（可以購買寵物用品或保險）」、「尋找飼主」、「媒合寵物飼主與寵物保母」、「寵物相關費用的管理」、「提供訓練寵物的建議」、「檢索寵物料理的食譜」、「檢索寵物取名」等多項服務。

健康管理不只是管理預防接種時程與體重，搭配該公司專用 IoT 設備（能監測食用量的自動餵食器、附有 GPS 的健康管理裝置）使用，便可做更進一步的詳細管理。

還有，社群裡除了社群媒體以外，也有名人頻道以及可以上傳或分享個人散步路徑等、上傳照片就能獲得點數可以用來瀏覽收費文章等，功能相當豐富。

另外，還有一個特徵是設有實體店面，提供寵物商店和動物醫院、寵物美容等服務。

商業模式

■ 主要的收入來源

・電商收入　・直營店收入　・銷售寵物周邊商品收入　等

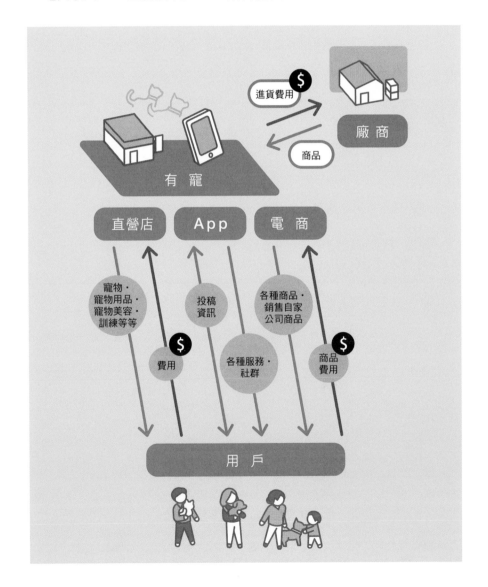

需求與成長背景

中國的寵物市場每年的成長幅度大約兩成左右，二〇一九年的商機已經超過三億日圓。據說光是居住在都市的居民就飼養了一億隻以上的寵物，其中比較富裕的飼主甚至還會花費大筆金錢在寵物身上。

隨著趨勢變化，有寵也逐漸擴展App的功能。而且，除了App以外，還有經營實體店面，提供販賣寵物與寵物用品、寵物美容、醫療、訓練等服務，以及銷售自家公司開發、可與App連動的健康管理裝置等，透過各種服務項目來提升收益。

還有，也有開發寵物相關的內容，並出版雜誌和製作影片、電影等。

日本的寵物市場也逐年成長，日本的寵物相關企業應該可以借鏡有寵的商務模式來提升收益。

■ 三項重大進展

1	2015 年	開發原創智能裝置	設立原創設備「有寵智能」。開發可以管理寵物健康以及掌握位置的 IoT 設備「有寵貝貝」等，透過販賣提升顧客體驗與收益。
2	2016 年	實體店面開張	廣州第一間旗艦店開張。不只販賣寵物與寵物用品，也提供美容、醫療、訓練等服務。後來，也發展到北京、上海、杭州、成都各地，企圖打造離線營銷模式的收益多元化。
3	2017 年	製作寵物電影	該電影被第 13 回中美電影節競賽部門提名角逐「金天使獎」（Golden Angel Award）。國內知名度大幅提升。

主要功能與 UI 的特徵

App 主畫面

可以預約疫苗接種或健
康檢查，並管理記錄

社群媒體有各種社群

社群媒體也有知名藝人
的專頁

電商可購買所有寵物
用品

可以檢索寵物生病或
訓練方法的百科全書
功能

18

厨

不斷進化的中國版「Cookpad」是電商也是料理教室

下廚房（Xiachufang）

企業名稱：北京下廚房科技有限公司

累計用戶數	月活躍用戶數	推出年份
2300 萬	**1283** 萬	**2014** 年

功能豐富、完整的UI，任何人都可以簡單檢索食譜或者購物

下廚房是類似日本 Cookpad 那種可以投稿食譜的 App。

除了可以投稿、瀏覽食譜外，也可以利用電商或者瀏覽專業講師、主廚所錄製的料理課程影片和電子雜誌之類的料理與健康專欄等。

電商不只販賣蔬菜、水果、速食食品、調味料、地區特產等食品，所有與「食」相關的商品，例如餐具、調理器具、料理家電、食譜（包含電子書）等都可購買。還有，投稿的食譜當中會記載使用的食材與調理器具，所以用戶只要點擊食譜筆記中的項目就可以直接購買。

專業主廚、甜點主廚、料理學校、個人等，都可以透過上傳收費的課程影片，來提高自己的收入。用戶要購買影片和食譜則是一次數百日圓。另外，由於食譜與課程影片是依照熱門程度來排名，所以一眼就能找到熱門課程。

由於具備社群功能，用戶也可以在 App 內開設自己的個人網頁，藉此與其他用戶互相交流資訊。

商業模式

■ 主要的收入來源

・電商收入 　・廣告費 　・課程費用 　等

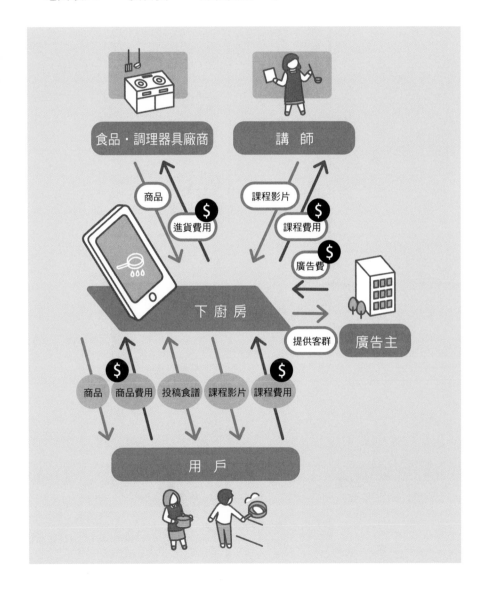

主要功能與UI的特徵

App主畫面

食譜的分類十分詳細，相當容易檢索

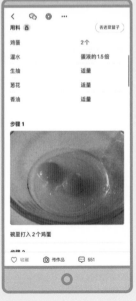

食譜上附有照片，簡單易懂

可以購買專家的料理教學影片

投稿文章時可以附加照片或影片的社群媒體功能

廣告企劃會指定商品來舉辦料理比賽

可透過App購買食譜內使用的調理器具或食材

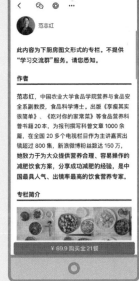

可以閱覽健康與營養、瘦身等相關專欄

19

智能家事服務

阿姨幫（Ayibang）

家庭服务

企業名稱：北京智誠永拓信息技術有限公司

| 累計用戶數 | 非公開 | 月活躍用戶數 | 非公開 | 推出年份 | **2013**年 |

登錄的業者經過嚴選，優點是可以安心用

阿姨幫是提供家事媒合服務的 App。

只要使用這個 App 就可以檢索和預約打掃、搬家、修理或保養家電和家具等服務，另外也有提供保母、育兒等服務。

還有，App 內設有電商，所以也可以購買打掃工具、收納用品、食品、旅行用品、汽車用品等等。

阿姨幫裡面所登錄的業者，都是經過阿姨幫嚴選的，並且也有要求業者接受訓練，以提供安全且高品質的服務。其中，也能瀏覽使用者的評價。

由於使用時必須要在 App 內完成支付，所以與業者之間不會有金錢往來，可以有效杜絕可能會發生的麻煩。

然後，在 App 內支付全額可享有折扣服務（例如支付一萬日圓可享受價值一萬一千日圓的服務）。

而且，App 上也有登錄申請功能，想提供服務的業者或個人都可以自行到 App 上登錄申請。

商業模式

■ 主要的收入來源

· 服務費　· 電商收入

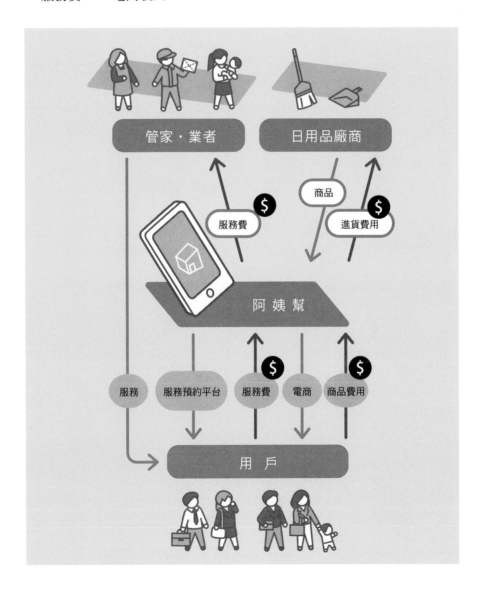

主要功能與UI的特徵

App主畫面

輕擊主畫面上
的項目就可顯
示更詳細的服
務內容

決定想要的服
務後可透過
App預約

除了照顧嬰幼
兒的服務以
外，也有老人
照護服務

可以贈送給親戚朋友的禮物卡

電商可以購買各種生活用品

電商也有販售生鮮食品

想提供服務的業者或個人可透過此頁面申請報名

為何中國的 App 全是多功能的？

中國的 App 基本上都屬於多功能的 App。例如，「大眾點評」就是透過一個 App 就能利用美食、旅行、電影、美容院、結婚會場、外送等多項服務。

反之，日本 Recruit Co.,Ltd. 所提供的 Jalan（旅行）、Hot Pepper Gourmet（飲食）、Hot Pepper Beauty（美容）、zexy（結婚）；樂天的樂天市場、樂天旅遊、樂天證券等，每一項服務則是採用不同的 App。

之所以會產生這樣的差異，主要原因之一是日本屬於 IT 較早普及的國家，所以想法會比較先入為主，認為線上服務都是以網站為主，而 App 則為輔助功能，由於這樣的想法太過根深柢固，所以很難催生出多功能化的構想。

另一方面，中國在智慧型手機問世的那個時期，IT 也跟著開始普及，所以提供服務的方式是以 App 為中心，這樣一來，事業想要更上一層樓，就必然得提升 App 的方便性。正因為如此，中國的 App 才會大都往多功能化發展。

還有，中國是先開發 App，然後待用戶增加之後才開始考慮提高收益。商務模式是「用戶數 × 客單價 × 使用頻率」，所以只要增加新服務就比較能鞏固用戶的忠誠度。

相較之下，日本則是先謹慎擬定事業計畫，決定 App 的規格之後才開始動作，所以很難發展新的功能。

而且，由於許多日本企業都將開發 App 的部分外包出去，所以 IT 工程師寫編碼的時候，不會考慮後續可能還會持續增加功能。

中國企業基本上都是由自家公司進行 App 的開發，所以不管要更新或者要增加新功能，都會由同一個人來執行，因此寫編碼時才會習慣預留空間，以便後續能逐步增加功能。這也是容易朝向多功能化發展的主要原因之一。

第 3 章

購物・付款

20

專賣高級精品的電商網站

寺庫（SECOO）

企業名稱：**北京寺庫商貿有限公司**

累計 用戶數	非公開	月活躍 用戶數	**148**萬	推出年份	**2011**年

實體店面也提供試穿或鑑定服務

　　寺庫是中國最大的高級精品線上購物平台。

　　除了販賣衣服、鞋子、飾品、骨董等商品外，也販賣日本酒或紅酒等高級酒。

　　另外，也可以預約外資高級飯店、租用藍寶堅尼或賓利等名車、利用信用卡公司提供的管家服務等。

　　寺庫的特徵是北京、上海、成都、香港等地都設有直營店。

　　想要的商品可以先到實體店面試穿後再購買。而且，店裡也有聘請鑑定師，以確保商品的真偽。由於結合了線上銷售與線下體驗的模式，用戶可以安心購物，除了保證正品以外，也致力於提供其他各式各樣的體驗服務。

　　因為經常提供優惠折扣，所以用戶普遍認為寺庫彷彿就像是線上的「暢貨中心」（outlet mall）。

商業模式

■ 主要的收入來源

・電商收入　　・實體店面營業額　等

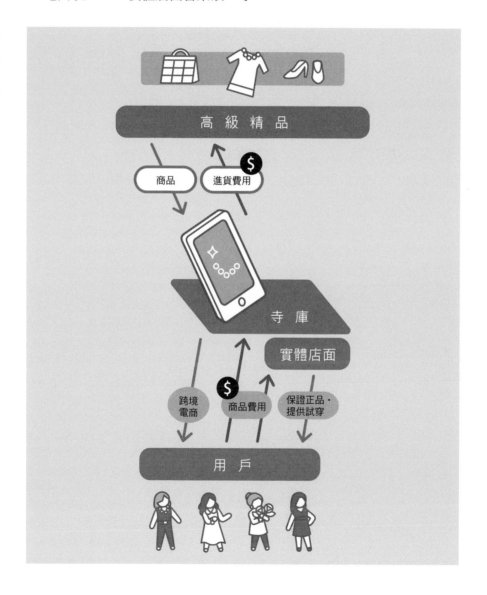

需求與成長背景

「信賴性」是寺庫成長主要的原因之一。在寺庫尚未推出時，高級精品電商所銷售的商品到底是真是假，顧客只能自己判斷。

因此，在中國若想要購買正品，除了去品牌的直營店以外，實在沒有其他途徑了。

寺庫了解用戶多少會因為這樣感到不便與不滿，所以展店時便決定要開有鑑定師坐鎮的直營店，建立起自有風格，也吸引了不少用戶。

還有，寺庫並非只有銷售與鑑定，也有提供保養服務。另外，App裡也有提供平台讓用戶可以拍賣自己的名牌商品等，商品售出後，還可建立與顧客之間的生態系統。二〇一七年在美國那斯達克股票交易所正式上市。

■ 三項重大進展

1	2017 年	建立全球供應鏈系統	不斷地與海外高級品牌合作，打造獨立的供應鏈系統。跨足實體通路。
2	2018 年	與上海紡織集團進行策略合作	與上海時裝週主辦者的上海紡織集團合作，與世界聞名的 100 位時裝設計師簽約。由於新設計款式一上市寺庫就會馬上上架，所以用戶可以最早買到最新的流行款式。
3	2019 年	與字節跳動進行業務合作	從字節跳動經營的今日頭條與抖音可以一鍵購買寺庫的商品。還有，抖音舉辦的挑戰賽與行銷也大幅提升了寺庫的知名度。

主要功能與UI的特徵

App主畫面

可從品牌或種類來檢索
商品

實體店面也有直播銷售

透過寺庫管家可以獲得
商品或優惠折扣等資訊

可以預約或諮詢品牌
商品維修的費用

可以上傳照片請專業鑑
定師確認真偽的服務

21

超過3億人使用的中國版「ZOZOTOWN」

唯品會（Vipshop）

唯品会 品牌特卖

企業名稱：**廣州唯品會信息科技有限公司**

| 累計用戶數 | **3.4億** | 月活躍用戶數 | **5470萬** | 推出年份 | **2008年** |

中國第三大電商網站

唯品會是促銷優惠服飾的 App。主推高折扣促銷，吸引了許多用戶，在中國屬於第三大電商網站。特徵是比前一項介紹的寺庫更受年輕女性支持。

相較於業界第一大的天貓（Tmall）、第二大的京東（JD.com）是什麼都賣的綜合電商，唯品會則是定位成主要銷售服飾的電商，保有自己的獨特性（除了服飾以外，也有銷售皮膚護理商品與藥品等生活用品）。

唯品會一直以來都是採用限時、限量、推出二到三折的超低折扣等限時搶購的手法來銷售商品，吸引不少鐵粉用戶。其中也有銷售花王或小林製藥等許多日本商品。

商業模式

■ 主要的收入來源

・電商收入　・廣告費　等

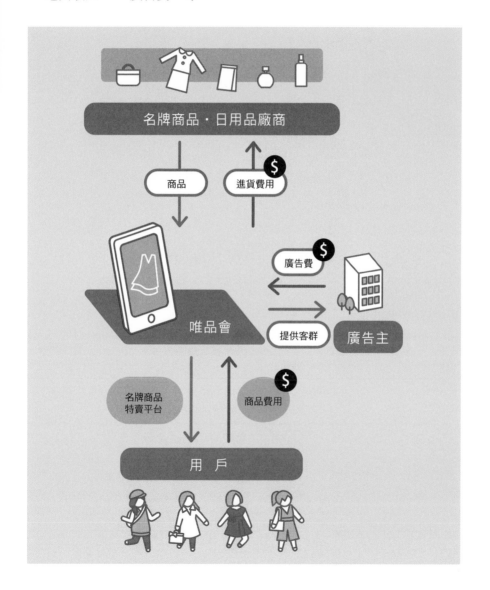

需求與成長背景

唯品會成長的原動力是前面提及的限時搶購行銷手法。持續推行這種行銷手法不但能增加粉絲，也能提升回購率，也因此成功培養出不少鐵粉。

另外，在全世界東京、巴黎、米蘭、倫敦、紐約、雪梨、首爾等地均設有進貨據點，因為採直接向廠商進貨的方式，所以不會發生贗品的問題，且提供保證可七天內退貨以及完善的售後服務，獲得許多用戶的信賴。

畫面左側固定會顯示索引列表，可選擇類別來檢索商品，而且這個索引列表不會因為頁面跳轉而改變，這種簡單易懂的獨立 UI 也是吸引用戶的主要原因之一。

二○一二年在紐約證券交易所上市。

二○一七年與京東（JD.com）合作，持續穩定地成長中。

■ 三項重大進展

1	2015 年	成立物流子公司（品駿快遞〔Pinjun express〕）	由於成立自營物流，大幅縮短受理訂單到商品寄達的時間。現在，唯品會的配送業務約有八成都透過品駿快遞配送（2019 年終止）。
2	2016 年	當紅歌手周杰倫出任「CJO」（首席驚喜官〔Chief Surprise Officer〕）	周杰倫加入後，短短三個月就增加了 820 萬位新用戶（與 2015 年同期比）。其中，大約有 45% 以上是 20 至 30 歲的年輕人。隔年第三季時，新用戶已經有一半以上都是 20 至 30 歲的年輕人了。
3	2017 年	與中國第二大電商「京東（JD.com）」進行戰略合作	京東（JD.com）網站以及 App 首頁可以連結登入唯品會。剛開始合作的頭兩個月有 50 萬人從這裡連結登入，其中有 98% 是新用戶。

主要功能與UI的特徵

App主畫面

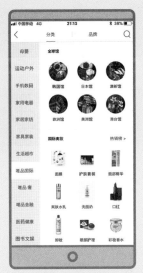

除了種類和品牌外,也可以透過國別來檢索商品。

商品頁面相當簡潔易懂

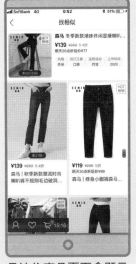

長按住商品頁面會顯示
類似的商品

用戶可在商品頁面留言

折扣商品的詳細頁面中
會顯示價格走勢

22

提供與汽車相關保養與電商等各項服務

途虎（Tuhu）

企業名稱：**上海闡途信息技術有限公司**

累計用戶數	月活躍用戶數	推出年份
4500萬	**565**萬	**2011**年

車主最不可或缺的萬能App

途虎是提供汽車相關服務的O2O平台。主要服務內容有銷售汽車用品的電商、比較、檢索、預約修理或保養汽車業者、付款、可以共享汽車相關資訊的社群媒體功能等。

只要在途虎的電商網站輸入汽車型號，就可以簡單檢索適用於自己愛車的商品。

檢索或預約業者的功能裡，有一千三百間直營店和一萬三千間合作業者提供保養、洗車、板金、車檢、改裝等服務。

用戶可以透過眾多的網友評價與價格等資訊，比較、選擇有提供相同服務的工廠，也可以藉此確認市價，所以能挑選更適合自己的服務。

途虎所登錄的所有合作業者與直營店，按公司規定各方面都必須要達到基準才行，再加上付款也是使用App的線上支付，所以能有效防止衍生其他事端，用戶可以安心享受服務也是途虎的優點之一。

商業模式

■ 主要的收入來源

・電商收入　・直營店營業額　・服務費　等

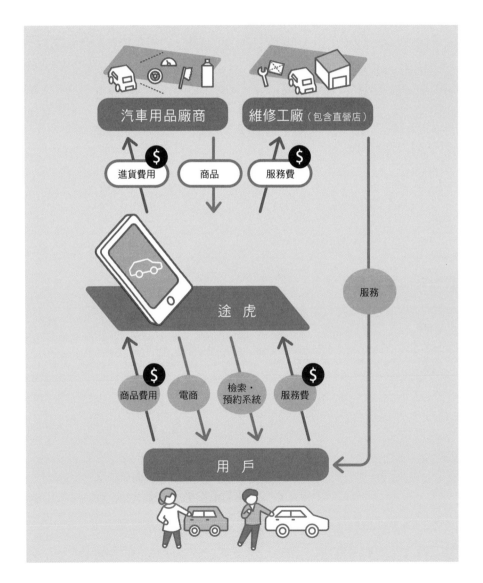

需求與成長背景

雖然中國的汽車市場有一段時間出現成長鈍化，但現在中國國內的汽車總數已經超過三億台了，一年約可賣出三千萬台以上（包含新車與中古車）。

因此，像保養等汽車相關的工廠到處林立，只是對於中小企業來說，生意難做，實在也沒有多餘的心力可以架設網站攬客。為了使這些沒有網站的汽車業者也能順利招攬生意，途虎可說是不可或缺的平台。

二〇一八年與騰訊合作後，開始提供微信內的小程式和導航，便利性也因此大幅提升。

還有，經驗豐富的用戶可以透過社群功能交流汽車的相關問題，也能分享自己愛車的搭乘舒適度、保養和改裝的相關經驗與竅門等，藉此凝聚用戶的忠誠度。

■ 三項重大進展

1	2016 年	開始以直營的方式展店	當時由於加盟店的服務品質參差不齊，為了解決這個問題，2016 年起開始以直營的方式展店。到 2019 年時直營店已經增加到 1300 間了。
2	2016 年	設定基準以達到服務標準化	要求加盟店遵守這項基準，讓用戶不管到哪一間門市，都可以享受到與直營店相同品質的服務。
3	2018 年	與騰訊合作	用戶除了能利用騰訊的服務外，也能使用微信的小程式與導航，方便性大幅提升。

主要功能與UI的特徵

App 主畫面

可利用洗車、車檢、
修理等各項服務

電商可以只檢索適合
自己愛車的商品

可以管理愛車的狀態
或違規紀錄等

提供社群媒體功能讓同
款車的車主可以互相交
流資訊

輸入車種或狀態就會
建議必須更換的零件

23

淘寶（Taobao）

12.12

企業名稱：**浙江淘寶網絡有限公司**

累計 用戶數	**10**億	月活躍 用戶數	**8.8**億	推出年份	**2003**年

阿里巴巴集團最重要的平台服務

淘寶是阿里巴巴集團最重要的服務平台，也是中國最大的電商平台。與前述的天貓（Tmall）一樣都是阿里巴巴旗下的服務平台。

總之，就是相當巨大，每個月的活躍用戶數超過八億八千萬人。還有，光是二〇二〇年十一月十一日光棍節一天，營業額就超過十三兆日圓。這可是日本樂天市場一年營業額的三倍。

其中，較具特徵的是用影片促銷的功能。除了一般電商的功能外，也有用直播（淘寶直播）銷售商品的功能，或者以一段影片介紹多項商品並且分別銷售的功能。

近年來用直播銷售的方式急速成長，二〇一九年光棍節一天的營業額高達人民幣兩百億元。

這幾年來還出現擁有大批粉絲的網紅，他們的存在猶如 KOL（關鍵意見領袖）一般，也因此，業界相當盛行網紅行銷。

商業模式

■ 主要的收入來源

・展店費　　・服務費　　・廣告費

需求與成長背景

淘寶之所以能如此迅速成長，有許多不同原因，其中最主要的原因之一是徹底追求用戶的方便性，消除網路購物特有的壓力。

淘寶販賣的商品數高達十億種以上，由於能透過用戶的檢索、購買履歷與個人資訊來推薦適合的商品，所以用戶通常很快就能找到目標商品。還有，檢索欄位設有相機圖示，利用這個相機功能拍照就能找到相同的商品。雖然其他電商網站也具有相同功能，但淘寶的演算法相當優秀，幾乎不會出錯。另外，不是只有社群媒體可以分享各種商品而已，無論是圖片或是連結的網址都可以轉換成二維條碼分享給他人。

舉例來說，可以自行設定一個連結，讓其他用戶來這裡購買。對方付款以後，商品就會送到自己指定的場所。即使對方沒有註冊淘寶帳號也沒關係，只要能使用微信支付或支付寶就能進行線上付款。孩子們也可以藉此把自己喜歡的商品資訊傳送給家長，由家長代為付款。

各種商品的頁面都有提供可以即時聯絡線上客服的服務，傳送問題之後最快大約十秒鐘就能夠得到答覆，不需要透過電話或郵件等方式諮詢。由於系統會保存用戶與銷售者之間的對話履歷，所以可以再次查看確認內容，不必怕發生糾紛。另外，還有搭載可以確認店面老闆的上線狀況或訊息是否已讀等的功能，大幅提升使用者的方便性。

■ 主要的資金來源

籌措資金	籌措資金時期	籌措資金總額	投資者
IPO（集團全體 @US）	2014 年	220 億美元	個人投資者

F 輪融資	2012 年	43 億美元	China Investment Corporation／CITIC Capital／Boyu Capital／其他
E 輪融資	2011 年	20 億美元	Silver Lake Partners／DST Global／雲鋒基金／淡馬錫控股（私人）有限公司
IPO（B2B @ 香港）	2007 年	15 億美元	個人投資者
D 輪融資	2005 年	10 億美元	yahoo
C 輪融資	2004 年	8200 萬美元	softbank／TDF Singapore／其他
B 輪融資	2000 年	2500 萬美元	softbank／TDF Singapore／Investor AB／富達投資／其他
A 輪融資	1999 年	500 萬美元	高盛集團公司／TDF Singapore／其他

■ 三項重大進展

1	2003 年	推出支付平台「支付寶」	淘寶與支付寶的關係相當密切。推出支付寶後，一來可以擔保用戶的信用，二來也讓展店業者能安心出貨，中國的電商服務從此開始大幅成長。
2	2004 年	推出交易溝通軟體「淘寶旺旺」	銷售者與顧客可以透過交易溝通軟體「淘寶旺旺」直接對談，大幅提升服務的方便性與信賴性。
3	2013 年	設立大型物流企業與物流子公司「菜鳥」	設立大型物流企業順豐、圓通、申通等，打造物流網絡。不將工作集中在同一間物流公司造成物流塞車，而是活用雲端技術與大數據實現降低成本與縮短配送時間。

主要功能與UI的特徵

App 主畫面

由於商品經過詳細分類,所以可以輕鬆找到想要的商品

不必轉換畫面就能利用左側的索引列表來挑選商品,相當方便

利用照片檢索功能拍照,選擇相簿內的照片就會顯示相同或者類似的商品

若想知道商品或商店等資訊，可以透過聊天功能諮詢。最快約10秒鐘便可得到答覆

直播功能可以一邊介紹商品一邊銷售。訂閱的影片可以先收藏等以後有空再看

購買的商品透過地圖功能就可以掌握商品的現在位置，不必特地到貨運公司的網站查詢，相當方便

每天登入瀏覽推薦的商品就可以得到「水」，然後在遊戲裡灌溉植物，待果實成熟後採收就可以轉換成可折抵消費金額的淘金幣

24

急速成長讓中國電商市場重新洗牌的服務

拼多多（Pinduoduo）

企業名稱：**上海尋夢信息技術有限公司**

累計用戶數	月活躍用戶數	推出年份
7.3億	**5.7**億	**2014**年

能享受邊玩樂邊購物的社交電商

拼多多是騰訊體系的團購電商網站。

拼多多提供所謂「社交電商」的服務，這是類似日本以前也曾推出過的「Groupon」（酷朋）服務。

當用戶找到想要的商品時，可以透過社群媒體等邀請其他用戶一起合購，如此就能以特惠價格來購買。

幾乎所有商品都只要有兩個人併單就能購買，其中也有必須五至十人合購才能享特惠價格的商品。

雖然乍看之下似乎有點麻煩，但是與其他用戶交流、尋找同伴一起買東西的過程很像在玩遊戲，用戶為了享受這個過程中的樂趣，登入時間必然就會拉長。

其他還有搭載許多遊戲，例如只要有人瀏覽了在微信分享的商品，商品就會自動打折或者甚至變成免費；瀏覽或購買指定商品就能得到任務物品，拿來培育虛擬的樹可以獲得果實或者真正的水果等，用戶可以藉此享受邊遊戲邊購物的樂趣。

商業模式

■ 主要的收入來源

・仲介手續費 　・廣告費

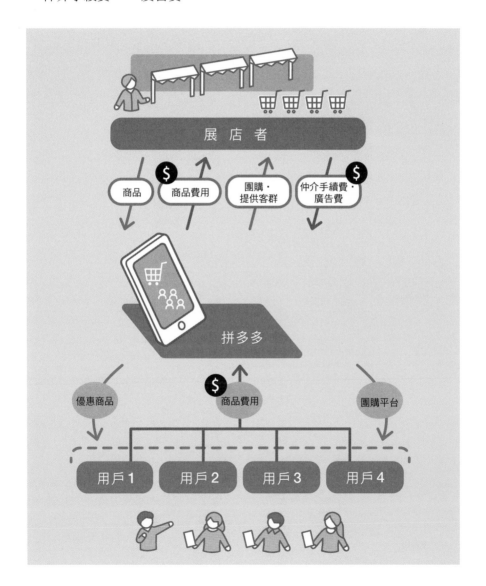

需求與成長背景

拼多多自二〇一五年開始提供服務起，便加入了騰訊體系，藉由小程式獲得微信的用戶後，規模也跟著急速擴大。後來，不到三年就在那斯達克股票交易所上市，二〇二一年一月總市值已經超過兩千億美元。活躍用戶數也超過七億人，成長之快速直逼中國電商龍頭的阿里巴巴。

其他成長的因素，譬如說拼多多是以至今被忽略的地方居民為主要銷售對象。因為中國的都市與地方有極大的所得差距，而既有的電商用戶都是住在都市的居民。

另一方面，拼多多的主要用戶都是居住在偏鄉都市的女性。因為拼多多提供優惠價格給所得不高的人，所以增加了不少用戶數。由於也有提供生鮮食品，所以有些左右鄰居也會為了用優惠價格購買蔬菜或衛生紙等生活必需品而四處揪團合購。

■ 三項重大進展

1	2018年	在那斯達克股票交易所上市	股票開盤 19 美元，收盤飆漲 4 成收在 26.7 美元。只花一天總市值就超過 300 億美元。
2	2018年	建立支援中小企業的計畫	支援小規模的銷售業者與製造業者，因為攜手合作的關係可以進行直接交易，所以商品價格也更優惠。小規模企業的事業重心也逐漸從對大公司比較禮遇的阿里巴巴等公司轉移至拼多多。
3	2020年	以可轉換債券(CB)對「國美零售」(GOME Retail)進行戰略投資	發表以 2 億美元的可轉換債券對大型家電量販連鎖店「國美零售」進行策略投資。同時，對於產品的供應、銷售，以及在銷售領域方面也締結了策略性的合夥關係。

主要功能與 UI 的特徵

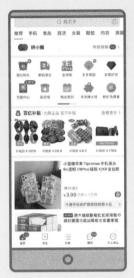

App 主畫面

找人一起團購就能享
有優惠價格

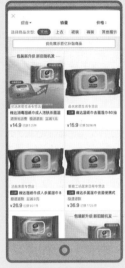

上傳照片就能進行相
同商品的比價

也設有直播購物功能

在限定時間內募集指定
人數就能享有免費或以
特價購買

瀏覽或購買指定商品
就能獲得果實的遊戲

25

支

領先全球的行動支付服務

支付寶（Alipay）

企業名稱：**支付寶（中國）網絡技術有限公司**

累計 用戶數 **12億**	月活躍 用戶數 **7.1億**	推出年份 **2009**年

全球有12億人口使用的行動支付App

支付寶不管是用來購買商品還是支付飲食、住宿費等，凡是生活中所有的一切都可以使用，對中國人來說，生活已經離不開支付寶了。除了出示智慧型手機的 QR Code 就可以購物的便利性以外，最近還導入了「刷臉支付」（人臉辨識支付）功能，安全性也大幅提升。

還有，駕照、ID、護照等身分證明文件或各種票券、會員卡等都可以綁定統一管理。

另外，在這個 App 裡也有搭載阿里巴巴集團的各種小程式，如「即時通訊軟體」、「外送」、「叫車」、「共享腳踏車」、「快遞」、「保險」、「募款」、「資產運用」、「彩券」等，凡是需要收費的服務全都可以透過支付寶來付款。支付寶的特徵之一是藉由集團內的合作讓方便性更加提升，同時也鞏固了用戶的忠誠度。

據稱，投資阿里巴巴的日本軟體銀行現在旗下的「PayPay」也是參考支付寶所設計的。

商業模式

■ 主要的收入來源

・付款手續費　　・服務費

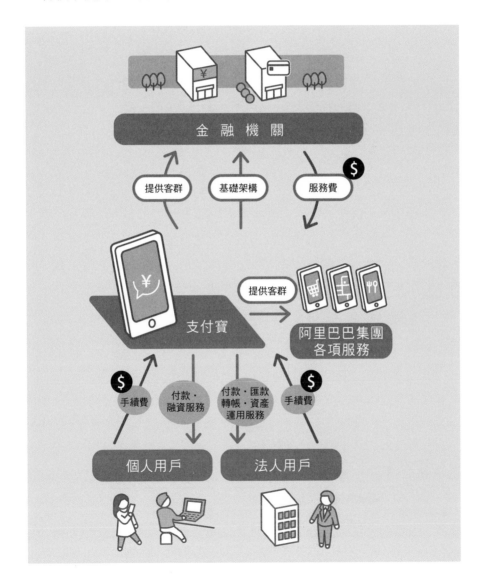

需求與成長背景

支付寶對阿里巴巴來說是一項相當重要的服務，沒有支付寶就沒有現在的阿里巴巴，這麼說其實一點都不誇張。雖然這個 App 是二〇〇九年才推出，但是支付服務早從二〇〇四年就已經開始提供了。現在能擁有十二億的用戶數，可以說是先驅者的先發優勢。

支付寶初期是扮演線上買賣的仲介角色，提供服務的目的在於解決糾紛。推出條碼支付 App 以後，支付寶也開始陸續新增支付以外的各項服務。尤其是任何人都能輕鬆上手的金融相關服務，據說中國人因此改變了運用資產的想法。支付寶可以利用範圍相當廣泛的金融服務，例如股票與貴重金屬的買賣、投資信託、適合個人或法人的融資等。另外，也可以設定每個月固定一個日子從銀行扣除固定金額來購買指定的投資信託，或者設定在固定的日子裡進行轉帳。

有許多人會利用支付寶的服務來管理或運用資產，其中，因為大部分的用戶都習慣用支付寶來支付日常消費，所以不會將資產存入銀行，而是幾乎全都存在支付寶內加以應用。

目前正在開發適用於法人的薪資轉帳系統，今後應該會有企業改用支付寶發薪，直接轉帳到員工的支付寶帳號，不必再透過銀行。

日本現在正逐漸邁入無現金社會，對各行各業來說，想要更進一步的成長，支付寶的商業模式應該是一個相當不錯的楷模（有關中國無現金支付的詳情，請翻閱本書 156 頁）。

■ 主要的資金來源

籌措資金	籌措資金時期	籌措資金總額	投資者
一	2018 年	非公開	CICC Qizhi（Shanghai）Equity Investmenet Center

策略投資	2018年	16億人民幣	China Pacific Insurance Company
Pre-IPO	2018年	140億美元	Temasek Holdings Private Limited／CPPIB／Khazanah Nasional Berhad／General Atlantic／其他
策略投資	2018年	非公開	Khazanah Nasional Berhad／General Atlantic
B輪融資	2016年	45億美元	阿里巴巴
策略投資	2015年	非公開	China Investment Corporation／China Post & Capital Fund Management Co., Ltd.／Hanfor Capital Management Co., Ltd.／CICC ALPHA／Pri-mavera Capital／其他
A輪融資	2015年	120億人民幣	China Post & Capital Fund Management Co., Ltd.／Yunfeng Financial Group／Social Security Fund／China Pacific Insurance Company／Pri-mavera Capital／GP Capital／中國人壽

■ 三項重大進展

1	2010年	推出「QUIC-Pay」（快捷支付）功能	推出初期，因為與銀行之間的往來還未完全上軌道，所以無法付款成功的事件層出不窮，後來開發出由支付寶來確認用戶資訊的功能。將程序簡單化之後，不但糾紛大幅減少，用戶也急速暴增。
2	2013年	推出資產運用服務「餘額寶」	與天弘基金合作，推出資產運用服務的「餘額寶」。優點是不需經過繁瑣的開戶程序，也沒有設定下限金額，低風險且利息還高於定期存款的利息，截至2019年止已經累計超過3億用戶。
3	2016年	舉辦「集五福換現金遊戲」活動	舉辦瓜分現金的遊戲。由於在社交性能上落後微信一大截，所以透過此項活動成功拉近了差距。

主要功能與UI的特徵

App主畫面

付款畫面。有多種付款方式可選擇。可以掃描店面的QR Code後再輸入金額,也可以由店家掃描手機顯示的付款條碼等

海外匯款轉帳功能。輸入匯款金額後,會依照匯率自動換算。匯款金額需扣除中國國內銀行的手續費人民幣50元以及海外銀行的手續費(依各家銀行而異)

可透過「市民中心」進行線上支付水電費與電話費、房屋租金,或者繳納交通罰款、申辦駕照或護照等

可綁定身分證、護照、健保卡、駕照等身分證明文件，只要輸入密碼就能顯示詳細資料，可用來驗證身分

可透過App購買或運用股票、投資信託、現金、定期存款、保險等各種金融商品

App也有電商，或者也可以利用第三方提供的服務，如：訂購食物外送、叫車等

「芝麻信用」（Sesame credit）會對用戶的社會信用評分，確認用戶在阿里巴巴服務的可用額度以及各種租賃服務是否可以免押金等

26

從最近的直營超市配送生鮮食品

盒馬鮮生（Hema）

企業名稱：**上海盒馬網絡科技有限公司**

累計用戶數	月活躍用戶數	推出年份
非公開	**1599**萬	**2016**年

以App訂購生鮮食品，實體店面便會立刻配送到府

　　盒馬鮮生是阿里巴巴旗下宅配生鮮食品的 App。

　　盒馬鮮生有兩百間以上直營超市分布在市區各處，收到訂單時，會由離用戶家最近的那一間店負責配送商品。三公里以內不用三十分鐘便可送達。

　　商品種類豐富，類似日本的伊藤洋華堂（Ito Yokado），除了生鮮食品以外，還能購買日用品以及簡單的家電、藥品等。

　　App 中也有可以瀏覽食譜的功能，只要點擊食譜中顯示的食材就可以直接購入，此外，也有提供代客烹煮的服務，購買食材後只要指定料理方式就可以收到煮好的料理，這項服務相當受歡迎。

　　而且，不只可以購買商品，盒馬鮮生也有與其他業者合作，提供像保母、打掃、洗衣、照顧寵物等服務。

　　只要有註冊支付寶或淘寶的帳號都能使用，最近這幾年來，使用的年齡層愈來愈廣泛了，除了年輕人以外，也有很多居住在無電梯集合住宅的高齡者等使用。

商業模式

■ 主要的收入來源

・電商收入　・服務費　・實體店面營業額

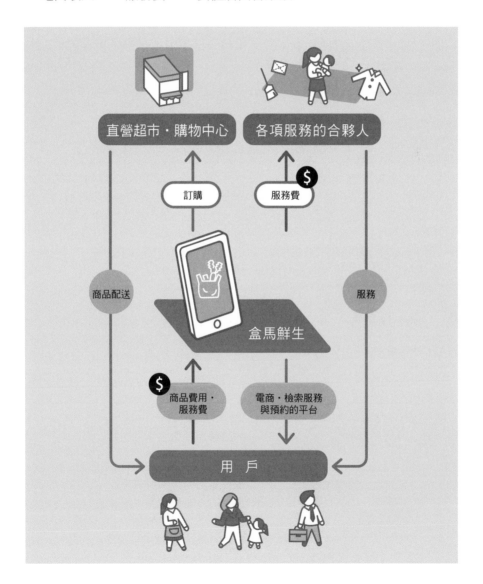

需求與成長背景

盒馬鮮生以大量進貨和效率化的方式實現低價格。獲得許多對價格較敏感的用戶支持，其中以三十歲以下的年輕人居多。

另外，也致力於經營與物流的效率化，相較於中國的超市平均效益來說，每一平方公尺的年收入約二十萬日圓，但盒馬鮮生已經達到七十萬日圓的水準了。

舉例來說，實體店面並非只是單純的「超市」而已，同時也具有電商倉庫與物流據點的性質。

用戶透過 App 訂購商品後，會由超市的員工親自挑選商品，然後利用天花板上設置的機械軌道將商品運送到準備出貨的地方。至於配送也是先透過 AI 計算出最適合的路徑後才開始配送，整段過程完全沒有浪費時間或人力。

而且，還活用了阿里巴巴豐富的資源，目前持續穩定成長中。

■ 三項重大進展

1	2015 年	以 AI 為基礎實現資源有效配置	為了實現「三公里以內不用三十分鐘便可送達」，建構自動物流系統。以 AI 計算出最適合的配送路徑，實現企業口號。
2	2016 年	實體店面開幕	2016 年 1 月第 1 號店開幕，此後 App 的活躍用戶急速增加。2017 年 1 月創新高，使用人數高達 29.7 萬人次。
3	2017 年	推出主打菜餚料理的「盒馬工坊」	主打獨創的菜餚料理「盒馬工坊」推出後，因種類豐富又新鮮，吸引眾多用戶青睞，成功開創新的收入來源。2019 年菜色擴大到 1300 道，月營業額超過人民幣 1 億元。

主要功能與UI的特徵

App主畫面

商品分類詳細，簡單易懂

可以一邊看食譜一邊訂購所需的食材

推廣揪團購買，提供兩個人以上購買就可享有優惠的服務

登入或購物、瀏覽指定商品就可累積點數

設有社群功能，可上傳自製食譜或料理影片

中國電商結合即時通訊功能，讓服務更上一層樓

最近日本電商網站也常見用戶使用即時通訊功能來諮詢商品，然而中國在許久以前就已經如此了，很多電商網站早就導入了即時通訊功能。

趨勢會這樣演變是打從推出即時通訊服務「QQ」開始。由於中國的電話費相當昂貴，且費用還依區域而異。因此，許多企業都不會在自家公司的網站上標註諮詢電話，而是搭載 QQ 系統，藉此回覆顧客的諮詢。

第一個將即時通訊服務導入電商服務的 App 是淘寶。只要用戶對商品稍有疑問，就可以馬上透過即時通訊輕鬆完成諮詢。

即時通訊功能對店面也很有幫助。由於退貨次數變少，且還能與顧客直接交流，所以提高許多顧客的回購率，也增加了不少粉絲。

中國的網路商店相當注重顧客的線上即時諮詢，不但最快可以在十秒鐘以內迅速回覆，用詞也給人親切有禮的印象。

其中，最重要的是顧客還能透過即時通訊殺價。雖然這對日本人來說相當令人不可置信，但中國的電商確實會透過即時通訊回應顧客提出的「可以算便宜一點嗎」、「能再多送一點贈品嗎」等諮詢。而店面也會善用這一點與顧客交涉「您幫忙留下評語的話就打折給您」、「再多買一個就可以享有折扣」等。

因為爆發新冠肺炎，日本有許多企業失去了與顧客直接交流的機會。今後日本也將普及採用透過電商與顧客交流的即時通訊功能，或許還會因此發掘出各種不同的活用方法。

第 4 章

共享經濟・二手交易

阿里巴巴旗下的二手交易平台

閑魚（Xianyu）

企業名稱：**淘寶（中國）軟件有限公司**

累計用戶數	月活躍用戶數	推出年份
3億	**5015**萬	**2016**年

特徵是具有社群功能的中國版「Mercari」

「閑魚」是中國電商網站中最大型且是阿里巴巴旗下的跳蚤市場App。除了經營二手商品買賣之外，也經營租賃事業。

最大的特徵是「魚塘」社群功能，在下文會詳細介紹。

為了避免交易過程產生糾紛，實名認證功能相當完善，不管是提供商品的賣家或者購買商品的買家都必須先透過App進行臉部認證，此外，賣家的欄位還會顯示阿里巴巴的信用評估「芝麻信用」。

萬一發生糾紛，只要透過即時通訊回報，經營公司就會介入幫忙解決問題，機制非常健全，讓用戶可以安心進行交易。

還有，租賃事業可以選擇月繳約三千日圓的會費模式，或者選擇計次收費（但想租借家電產品和品牌商品時，必須先加入成為月費八千日圓的白金會員）。

由於採用阿里巴巴集團的支付寶帳戶來付款，所以屬於集團內的金流，可以確保集團的利益。

商業模式

■ 主要的收入來源

· 租賃費用　· 訂閱費用　· 平台使用費

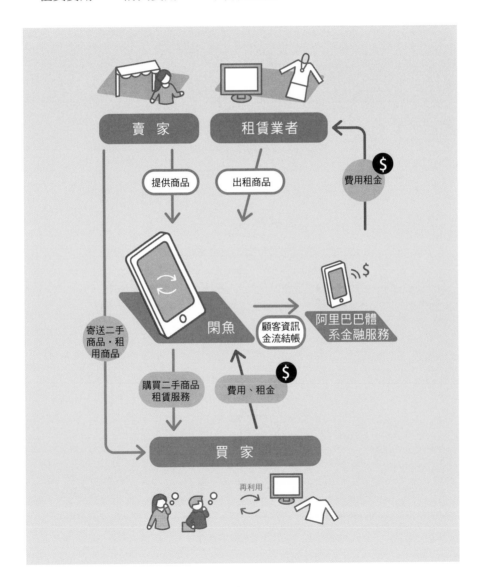

需求與成長背景

「閑魚」最大的特徵是有一種稱為「魚塘」的社群功能。用戶在這裡能建立或參加自己有興趣的主題社群。

簡單來說，就是準備一個地方讓持有相同興趣的用戶可以互相交流，例如建立關於特定偶像的社群等，由於聚集的都是興趣相投的人，所以比較容易促成商品等買賣，也能成功提升用戶的忠誠度。

「魚塘」社群有偶像、化妝品、室內設計、玩具、車子、文化教養（音樂、書法等）、美食、運動、機械設備等各種主題社群。

用戶只要付費給「魚塘」的管理者，就可以讓自己提供的商品置頂顯示。

■ 三項重大進展

1	2016年	618電商戰時實施偶像相關商品的拍賣活動	中國各大型電商聯手在6月18日這天舉辦狂歡慶，閑魚推出偶像相關商品的拍賣活動。在總數超過20萬的「魚塘」當中，總共有1142萬位用戶熱烈響應並提供商品。
2	2018年	光棍節推出活動	大力宣傳可以在光棍節（11月11日）這天販賣自己不要的東西或者購買東西。推出後，不但商品數暴增，也增加了許多買家。
3	2019年	成為電視節目「怪人脫口秀」的贊助商	演出者「怪人」在社群媒體提供奇特的商品炒熱氣氛，高知名度吸引了不少用戶。

主要功能與UI的特徵

App主畫面。可以在畫面上方選擇都市

商品分類詳細，方便檢索

用手機掃描商品條碼就可以自動讀取資訊

「淘寶轉賣」功能只要一鍵就可以轉賣在淘寶買的商品

可以短期出租書、衣服或遊戲等二手商品的功能

跨足各類圈子，有共享資訊的社群媒體功能

28

簡單方便的共享充電服務

街電（Jiedian）

企業名稱：**深圳街電科技有限公司**

累計 用戶數 **2億**	月活躍 用戶數 **1100萬**	推出年份 **2017**年

魅力是出門在外發現行動裝置沒電時可以立刻派上用場

街電在街道上設置據點，提供行動電源的租借服務。在餐廳或飯店等地設置租借機，用戶只要在那裡掃描條碼付款就可以利用。

雖然一個小時的費用只要五十日圓，但在不同的時段與場所，費用也會有所調整。

由於可以透過微信的小程式來使用這項服務，所以已經註冊為微信的用戶都不必再重新申請會員或者下載 App。

以前，必須要先存入一千五百日圓左右的儲值金才能利用，但現在因為可以活用芝麻信用的信用資訊，所以不需要再存入儲值金了，用戶也因此大增。

租借機與行動電源本體上都有印刷廣告，所以還多了廣告收入。

在中國，共享充電是一例最成功的共享服務，最近大眾點評也加入戰局。就連日本也是有好幾個企業開始提供此項服務。

商業模式

■ 主要的收入來源

· 租賃費用　· 廣告費

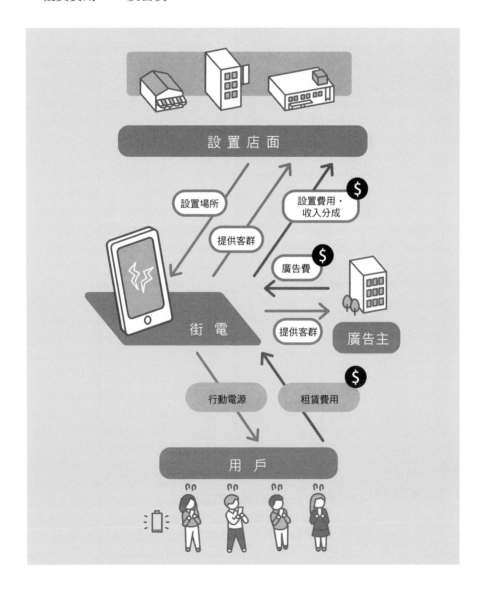

主要功能與UI的特徵

App主畫面。地圖上會顯示充電器的場所

可以確認附近充電器的設置場所、種類以及使用狀況

也可以從餐廳和電影院等設置場所的接口種類挑選

設有導航功能，可顯示到充電器設置場所的最佳路線

可透過即時通
訊回報問題或
者諮詢

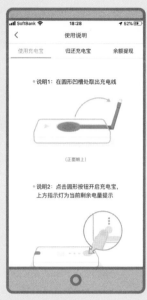

從 App 可確
認行動電源的
使用方法

設有積分機
制，累積的積
分可以兌換各
種商品

白金會員一天
可免費使用五
小時

29

輕鬆出借不要的品牌商品

百格（BG）

企業名稱：**杭州拜閣科技有限公司**

累計 用戶數	非公開	月活躍 用戶數	非公開	推出年份	**2017**年

租GUCCI包包一天只要約十三元，優勢是簡單操作就能借到想要的商品

個人不要的名牌商品可以寄放在百格，由百格提供出借或販賣等服務。

舉例來說，一天只要花費約人民幣十三元就可以租用 GUCCI 的包包。租借期間主要約為一至三週，但只要付月費約人民幣三九九元加入會員，就不會有租借期間的限制（部分商品需另收費）。另外，也可以將租的商品買下來。芝麻信用的信用評分達六百五十分以上的用戶，不需存入儲值金就可以直接租用。

其他像包包的送洗或保養、修理、上色等，只要一鍵就能搞定下訂單、付款、運送等流程。

而且還有專屬的鑑定師提供鑑定服務。

在二〇〇七年到二〇一六年期間，中國銷售的高級品牌包包高達人民幣一兆元。而二手交易不過占了其中的三％至五％而已。這個數字，與日本和歐美等成熟市場相比有很大的差異。百格可說是成功發掘以二手包換現金的潛在需求。

商業模式

■ 主要的收入來源

· 租賃費用　· 服務手續費　· 電商收入

主要功能與UI的特徵

App主畫面

UI精簡易懂

除了租賃以外，也可以直接購買

此App可用微信支付、支付寶來付款

鑑定功能可選
擇用照片鑑定
或用實物鑑定

也可預約清洗
或修理等保養

也有社群媒體
功能可以與他
人分享自己的
包包照片

可透過即時通
訊功能與百格
的員工直接對
話

30

不需經過仲介業者就能買賣車子的App

瓜子二手車（guazi）

企業名稱：**車好多舊機動車經紀（北京）有限公司**

累計用戶數	月活躍用戶數	推出年份
非公開	**448** 萬	**2015** 年

除了能檢索二手車以外，還能線上直接購買的App

瓜子二手車是中古車行或個人都可以直接買賣車子的 App。

特徵是不需經過仲介業者就能直接媒合買家與賣家。個人也可以透過 App 來販賣自己的車子。只要輸入車型、車齡、里程數就能即時線上估價，同時也能確認同車種的市價。

另外，還能用直播的方式賣車，或者點擊直播畫面上的按鍵就能購買。

殺價的成功機率可以透過 AI 功能來預測，只要輸入希望的價格就能算出有多少機率可以成功殺價。

App 裡有一個「一鍵貸款」的功能，只要輸入居住地址與 ID 就能試算出可以貸多少款，也可以利用這個功能來還款或者確認還剩下多少貸款未還。

這個 App 除了買賣車子以外，也提供各種服務，例如可以購買油品等汽車用品、預約修理、委託塗裝等，相當方便。

瓜子二手車提供的服務不只侷限在線上，實體店面也有提供線下服務。

商業模式

■ 主要的收入來源

・服務費　・媒合手續費　等

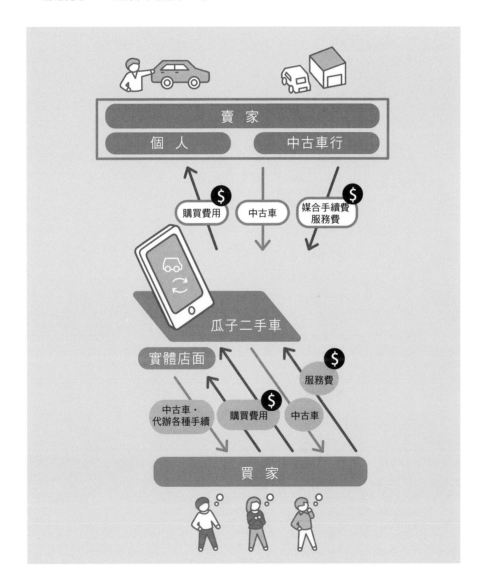

需求與成長背景

瓜子二手車成長的要點在於「可以媒合全中國的賣家與買家」、「信賴」、「提升方便性」。以往，中國的中古車市場是以同一個區域內的交易為主流，每個地區之間存在著很大的價差，如今進步到可以媒合全中國的賣家與買家了，所以用戶能以最合適的價格來買賣車輛。

還有，瓜子二手車會逐台公布二百五十九項檢查項目的資訊，遇到有問題的地方還會附上照片詳細說明，所以顧客可以安心購買，只要針對有問題的地方加強確認就好。而且，還有一週內可以退貨的服務，以及一年期間或兩萬里程數的品質保證。

功能方面，除了前述的一鍵貸款功能相當受歡迎外，在激烈的競爭市場中，唯有致力提升顧客體驗才能確保優勢。

另外，直營的實體店面有提供中古車變更登記以及保險等各項手續的代辦服務。

■ 三項重大進展

1	2018年	實體店面開張。提供一站式服務。	從購買到申請、加入保險等各項手續都可以一站完成。
2	2019年	與阿里巴巴旗下的中古車平台合作	與「淘寶中古車」合作。協力拓展中古車・零件拍賣・中古車流通等領域，獲得大量的買賣機會。
3	2019年	開啟「全國性購入」事業，打破地區之間的價格差異	有效率地媒合賣家與買家，傳統的中古車交易因地區不同會產生價差，瓜子二手車打破了這項傳統，讓用戶能以最合適的價格來買賣車輛。這項措施加速了中國國內中古車的流通，也徹底改革了業界的商業模式。

主要功能與 UI 的特徵

App 主畫面

可以在線上與車行業務
一對一洽詢

也有可以購買汽車用品
的電商

可透過車型、車齡、
價格、製造國等各種
選項來篩選

除了用文字敘述車子
的詳細資訊之外，也
有影片可觀賞

此 App 也可以用來檢索
車子的相關新聞與資訊

31

中國最大的共享單車App

摩拜單車（mobike）

企業名稱：北京摩拜科技有限公司

| 累計用戶數 **1億** | 月活躍用戶數 **4899萬** | 推出年份 **2016年** |

共享單車服務的先驅者

摩拜單車不只在中國、甚至在全世界許多地方都有提供共享單車的服務。單車數量超過二千萬台以上，使用人數相當多，一天的使用人數可高達三千二百萬人次。二○一八年被美團收購。後來，與LINE合作時，原本在日本也有提供服務，但二○一九年時已經撤離日本了。

使用方法非常簡單，只要啟動美團的App，掃描單車上的QR Code，就可以解鎖、開始騎乘。

到達目的地時，只要把單車停放在最近的單車停放處並鎖上智能鎖，就會自動計費並扣款。不需要停回原先租借的位置。所有單車都用GPS管理，用戶也能藉此輕鬆找到可租借的單車。

該公司傾力於開發智能單車，這些功能可說是此項開發的成果。

剛租借單車的前三十分鐘收費人民幣一點五元，之後每三十分鐘收費人民幣一點五元，另外，也可以透過微信的小程式來租借使用。

商業模式

■ 主要的收入來源

· 租賃費用　· 廣告費　等

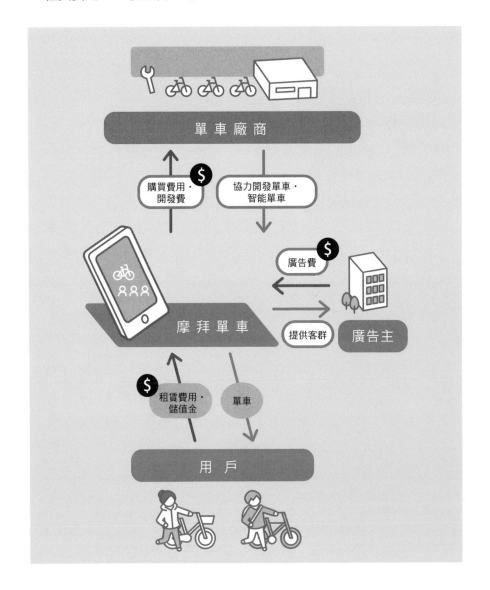

需求與成長背景

中國有許多都市因為交通混亂且交通噪音過大而禁止騎乘摩托車或速克達；為了解決空氣污染和塞車的問題，國家與地方政府都非常積極推動共享單車的普及化；比起日本，中國都市裡車站與車站之間的距離相對較遠（約二至三公里），所以要從車站回家的這「最後一哩路」非常需要有交通工具可以搭乘，由於上述幾項理由，摩拜單車才以都市為中心來設置，推出後，業績急速成長，人氣也相當高。

雖然有段時間業績下滑，但被美團收購後，進行了幾項改革，如車輛重新配置、新開發、重新審視費用、改名為「美團單車」的品牌、與美團的預約服務合作等，後來業績便逐漸回復。

現在，作為美團集團旗下的一項服務正積極推廣事業中。

■ 三項重大進展

1	2017 年	與微信策略合作	根據此次合作，9 億人的微信用戶可以從微信錢包的網頁直接登錄摩拜單車。在開始提供服務的第 1 個月，月活躍用戶數就成長了 2 倍（與前一年同月比）。
2	2017 年	實施大型活動	與競爭對手「ofo」之間的用戶爭奪戰呈現白熱化的狀態，發出 1000 萬張可免費騎乘 30 天的優惠卡給新、舊用戶。結果，DAU 數（日平均活躍用戶數）超過 2000 萬人。
3	2018 年	成為美團旗下子公司	2017 年下半年至 2018 年上半年的期間業績下滑，被美團收購。後來，因為實施了各項對策，業績才逐漸回復。

主要功能與UI的特徵

App畫面

解鎖後會顯示可歸還
停放的停車處

付款可使用微信支付
裡的儲值金支付

也有限定期間內可無限
騎乘的單車套餐

針對使用狀況評分，
高分者可享優惠

使用App可以簡單回報
故障、違規或問題

32

阿里巴巴創業者所開發的叫車App

滴滴出行（DiDi）

企業名稱：北京小桔科技有限公司

| 累計
用戶數 **5.5億** | 月活躍
用戶數 **4億** | 推出年份 **2012**年 |

收購 Uber 成為中國最大的叫車平台

滴滴出行是獨占中國市場、規模最大的叫車 App。二〇一六年收購美國最大規模叫車服務 Uber 的中國事業後，成為中國市占率最高的叫車平台。

透過 App 就能預約滴滴出行旗下的車，或者預約與滴滴出行合作的司機，此外，滴滴出行也有與計程車行合作，所以也可以用來預約計程車。

其他，還有提供多項服務，例如可以幫忙尋找前往同方向的人，提供共乘服務；預約時可以指定高級名車的服務、代駕、長期租車（以一個月為單位）、共享單車、代購、搬運行李、檢索公共交通機關的路線等，服務包羅萬象。另外，也有提供金融與生活上的相關服務。

安全功能也非常完善，萬一偏離預定的行走路線就會發出警示，甚至還有可以用 App 報警等功能。

然後，最大的特徵之一是即使自己沒有車，也可以向滴滴出行租車成為旗下司機來載客賺錢。

商業模式

■ 主要的收入來源

· 運費　· 廣告費　· 車輛租賃費　等

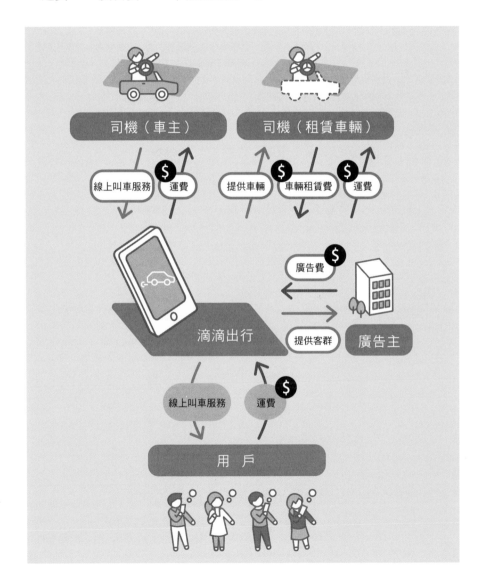

需求與成長背景

許多企業看中滴滴出行的可發展性，紛紛布局投資，這是推動滴滴出行成長的主要原因。

投資滴滴出行的中國企業有各種創業投資公司、騰訊、阿里巴巴、平安集團等，其他像軟銀集團、TOYOTA、Apple等國外企業也有投資。

二〇一六年收購世界最大規模的叫車服務Uber後，成功躍升為中國市占率最高的叫車平台。現在是中國新三大IT企業TMD（TikTok、美團、滴滴車行）之一，備受矚目。

滴滴出行積極拓展事業版圖，在日本與軟銀集團合作並且已經開始提供服務等。

由於日本國內也有日本交通「JapanTaxi」、DeNA的「MOV」、「Uber」等，競爭十分激烈，未來會如何發展相當受人矚目。

■ 三項重大進展

1	2014年	與微信策略合作	除了可以透過微信軟體使用外，也實施了以微信支付付款便可享有折扣的活動。2014年3月用戶人數超過1億人，司機人數則有100萬人以上。
2	2016年	收購Uber的中國事業	根據此次收購，滴滴出行成為全中國規模最大的叫車平台。收購後，Uber Global保有滴滴出行5.89%的股份。成為少數互相持有對方股份的投資者（股東）。
3	2018年	收購部分小藍單車（Bluegogo）	滴滴出行是中國共享單車服務ofo的最大股東，雖然提供的是相同服務，但為了強化事業版圖，收購同業小藍單車的一部分。獲得70萬輛、1000萬位用戶以及該公司的技術。

主要功能與UI的特徵

App主畫面

司機違規或危險駕駛時，可即時用App報警

多人要前往同一個目的地時，可選用共乘服務

因為會顯示位於附近的車輛，所以可以叫離自己最近的車

也可以透過App選擇保險或貸款等金融服務

可登錄App登記成為司機

關於中國的無現金支付

雖然各公司推出現金回饋的活動目前仍然記憶猶新，但日本近幾年已經邁入無現金支付的戰國時代。

現在中國使用行動支付來付款的人約有七億七千萬人以上，日常生活中會使用現金的人已經淪為少數。大部分的人出門都不帶錢包。

中國的無現金支付可以如此普及，最主要的原因不外乎簡單好用。

日本也有許多服務，而中國是被支付寶與微信支付這兩間公司占據了整個市場。由於這兩間公司在開始提供服務之前就已經擁有大量用戶，所以其他公司很難打入這個市場。換句話說，就是環境造就出普及率，因為在中國只要註冊這兩間公司的帳號，不管去什麼店都可以使用。

對商店而言也相當方便。因為店家只要把印在紙上的 QR Code 拿給顧客掃描就能完成付款，所以不必操作收銀機或事先準備找零的錢。由於這種付款方式不需要用到電，所以即使像下圖那樣的小攤販也可以使用。

還有，不管是店家為了表示感謝支持而推出的回饋或小慶祝活動，或者資產的運用、管理等方面，在中國無現金支付已經算是生活上不可欠缺的一環了。

至於在日本要推動無現金支付的普及化，其關鍵點應該在於業者的獨占率以及提升使用上的方便性。

第 5 章

娛樂

中國最大的電競直播網站

鬥魚（DouYu）

企業名稱：**武漢鬥魚網絡科技有限公司**

累計 用戶數	非公開	月活躍 用戶數	**1.7**億	推出年份	**2014**年

觀戰時可以留言或打賞

鬥魚是以直播電競為主的直播平台。

鬥魚可以訂閱、觀賞直播，用戶們的留言以「彈幕方式」呈現，像跑馬燈一樣彈出並滑過畫面，類似日本的「Niconico 動畫」一般。

以「英雄聯盟」、「王者榮耀」、「鬥陣特攻」等熱門遊戲為中心，每天直播電競比賽或實況影片，觀賞者可以留言或打賞給選手或直播主。

其他還有提供各種服務，有社群功能讓有興趣相投的人可以透過文字或者視訊等互相交流，也有電商可以購買遊戲相關商品等。線下也會大規模舉辦活動（如電競大會）。

二〇一九年在那斯達克股票交易所上市，集資七億七千五百萬美元。同年又發表與日本三井物產合作。二〇二〇年，公開聲明與騰訊旗下直播電競賽事的「虎牙」（Huya）合併，預計二〇二一年可搶下八成市場成為最大規模的平台。

商業模式

■ 主要的收入來源

· 打賞分成　· 廣告費　· 遊戲銷售分成　· 訂閱收入

· 電商收入　等

主要功能與UI的特徵

App主畫面

可以檢索各項遊戲，相當方便。另外，檢索項目也可以依照自己的喜好來設定

可輸入直播主使用的武器等名稱來檢索同一個遊戲的影片

每天都會上傳許多比賽影片（對戰影片）以及直播玩遊戲的過程

可以一邊看直
播影片一邊檢
索其他內容

直播間可以留
言或打賞直播
主

直播間除了顯
示留言以外，
還有許多介面

社群功能可以
討論或直播特
定遊戲與其他
內容等

34

預約、販賣電影和劇場票券的App

貓眼（Maoyan）

企業名稱：**天津貓眼微影文化傳媒有限公司**

累計用戶數	月活躍用戶數	推出年份
3.5億	**196萬**	**2013年**

自新冠肺炎爆發後開始提供播放影片的服務

貓眼是販賣電影、劇場票券的 App。

一個 App 就能買全中國所有電影院的票券，其他還能購買劇場、直播、芭蕾、演唱會、展示會等票券。

除了能買票券外，像爆米花之類的食物也能買，其他還有提供網購商品、瀏覽網友評論、觀賞預告篇、訂閱娛樂新聞以及社群功能等各項服務。

其中，最大的特徵是社群功能。用戶們可以共享對電影的評論，或者互相交流有關演員、偶像的資訊等。剛成立的時候，主要是由貓眼主導經營，後來漸漸轉變成用戶導向，現在，已經有許多忠實可靠的社群了。

二〇一七年時也跨足電影製作。與電影公司共同製作三十部以上的電影和影片內容。自從爆發新冠肺炎之後，便開始提供影片播放服務。同年，推出微信的小程式。此後，用戶數急遽增加，直到二〇二〇年十月時經由小程式上線的用戶已經超過三億人了。

商業模式

■ 主要的收入來源

・票價收入分成　・電商收入　・訂閱收入　等

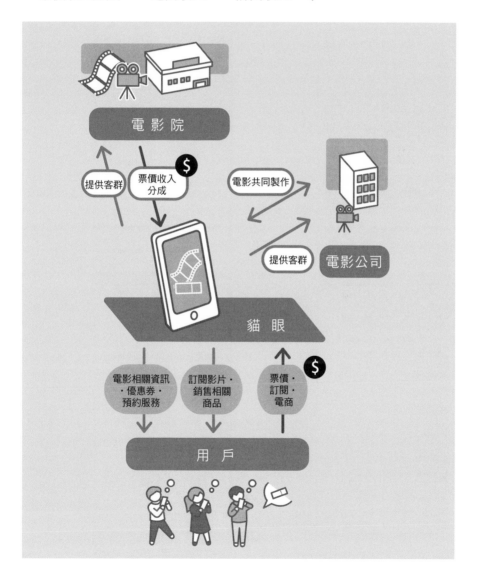

主要功能與UI的特徵

App 主畫面

檢索、預約電影的畫面

爆米花或飲料等食物也可以從預約畫面預約並結清

除了電影以外，也可以預約舞台劇或演唱會、歌劇、運動等各種活動

可導航到電影
院或劇場、活
動會場的功能

可以觀看電影
的預告篇以及
電影解說

線上訂閱影片
服務。不只中
國,只要付人
民幣4.9元也
可以觀看日
本、韓國、歐
美的電影

有可以購買電
影相關商品的
電商功能

35

獨一無二且有實體店面的歌唱App

唱吧（Changba）

企業名稱：**北京唱吧科技股份有限公司**

累計用戶數	月活躍用戶數	推出年份
5 億	**2891 萬**	**2012 年**

可說是卡拉OK版「TikTok」的熱門服務

唱吧是一個卡拉 OK 社交 App。不但一個人可以享受到歌唱的樂趣，也能拍攝或直播自己歡唱的影片。拍攝的影片還可以上傳到 Weibo、WeChat、QQ 等社群媒體軟體。

線上可以創建「房間」與其他用戶一起歌唱。

附有回音與殘響等效果功能以及自動美化用戶聲音的功能，使用付費服務的話，還可以提升伴奏音質，透過 AI 自動調整聲音等。

用戶可以在 App 內開設個人頁面與其他用戶交流。而且，還設有贈與功能，對於欣賞的用戶可以打賞。

另外，唱吧最大的特徵是在街道上（高人氣的餐廳旁或商業設施內等地方）設有實體店面，形狀像是電話亭、可以容納一個人或兩個人使用的歌唱包廂。

商業模式

■ 主要的收入來源

・使用費　・收入分成　・實體店面營業額

需求與成長背景

中國與日本一樣，卡拉 OK 都是高人氣的娛樂活動。唱吧以卡拉 OK 的形式滿足了「沒有時間與場所的限制就能享受歌唱樂趣」的潛在需求。

社群功能與打賞功能也是唱吧的特徵，因為這兩項功能創造出如 KOL 般存在的網紅，也衍生出新的商機。

二〇一七年投資製作卡拉 OK 包廂的「迷你 KTV」。在電影院或高人氣的餐廳前等地方設置該公司的迷你包廂。顧客等待進場看電影的時間或排隊的時間便可以來高歌一曲。

■ 三項重大進展

1	2012 年	與騰訊合作	與騰訊的社群媒體軟體 QQ 合作。當時有一半以上的用戶數都是經由 QQ 登入。
2	2013 年	開始可以經由社群媒體登入	可經由微博與 QQ 等社交帳號登入。活用用戶的社群媒體網路，提升 App 的知名度。
3	2017 年	策略投資迷你 KTV 公司	出資後，在街道上設置迷你 KTV 公司的迷你包廂。布局線下事業。

主要功能與UI的特徵

App 主畫面

檢索功能與真實的
KTV系統一樣

具備KTV功能的UI。
也有評分功能以及各種
調整功能

也有像真實KTV的小
包廂功能，可供多人
一同歡唱

能觀賞其他用戶上傳的歌
唱影片

也具備隨機找尋異性
一同合唱的功能

36

主打社群功能的音樂App

網易雲音樂 (NetEase Cloud Music)

企業名稱：**廣州網易計算機系統有限公司**

累計用戶數	月活躍用戶數	推出年份
10億	**8895**萬	**2013**年

用戶人數超過八億人、中國最大的音樂平台

網易雲音樂就像是融合了 Spotify 和 Facebook 的音樂 App。雖然可以免費使用基本功能，不過，支付人民幣十五元會費就能聽更多歌曲，音質也跟 CD 一樣優美。

另外，還可以聽網路廣播（Podcast，中國稱為播客）和其他用戶自己製作上傳的樂曲。

用戶播放的次數愈多，優秀的 AI 推薦功能愈能掌握用戶的喜好，自動播放用戶喜歡的歌曲。

網易雲音樂最大的特徵是以個人播放清單為主的社群功能。用戶可以透過這項功能上傳自己編輯的播放清單，也能藉此與其他用戶互相交流，還有像抖音那樣可以投稿影片的功能。

另外，其中的「個人 FM」功能，這是自己成為廣播者，透過聲音與人分享音樂、時下話題、感動的故事等，操作簡單，任何人都可以輕鬆上手。

商業模式

■ 主要的收入來源

・訂閱收入 ・使用費 ・廣告費 等

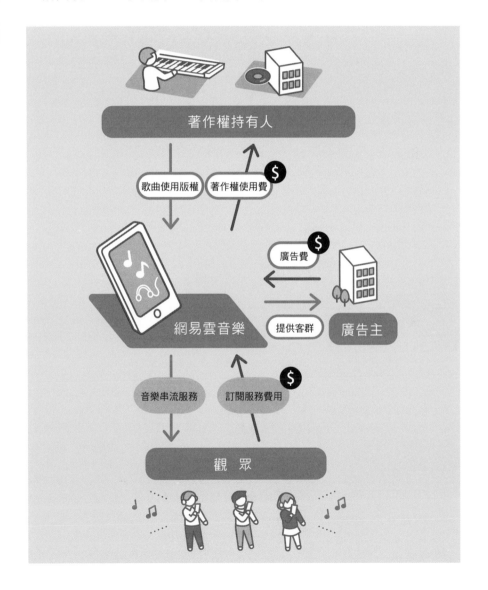

需求與成長背景

網易雲音樂的優勢是前述的社群功能。其中，以能與其他用戶共享播放清單的功能最受歡迎，二〇二一年的現在，總共有二十一億筆播放清單，播放次數最高的是十六億次。

為了提升社群功能的利用，App 會分析音樂的播放資料，並媒合擁有相同喜好的用戶等。

網易雲音樂的主要用戶都是年輕人，不過，近年來開始積極鎖定中年族群廣做宣傳。

而且，也正式推出親子頻道功能，增加許多可以活用在胎教或哄睡、智育、幼兒教育等領域的樂曲。

除了獲得新用戶以外，為了培養將來的用戶，目標鎖定孩子們，增加幼兒期就開始接觸這個 App 的機會。

■ 三項重大進展

1	2013 年	推出 AI 推薦功能	可以推薦符合用戶喜好的歌曲，另外，活用集團旗下的雲端技術，提供雲端儲存空間、垃圾信件對策等服務。希望藉由此技術打造出與對手不同的市場區隔。
2	2016 年	推出個人播放清單功能	推出後不久，2016 年上半年用戶編輯的播放清單總數已經超過 8000 萬筆，平均每天都有 42 萬筆播放清單形成。其中，最熱門的播放清單半年內就被播放了 299 萬次。
3	2017 年	開始透過電車車身廣告宣傳用戶評論	選出 5000 件得到許多「讚！」的用戶評論，開始透過電車車身廣告來做宣傳，獲得廣大回響，用戶人數突破 3 億人。產生人民幣 80 億元的廣告效益（金額為同公司估算出來的）。

主要功能與UI的特徵

App主畫面

不只歌曲，也能視聽
MV

即使不知道歌名，也能
透過哼唱檢索

直播間功能可以與其他
用戶交流、送紅包

能觀賞其他用戶上傳的
歌唱影片

可尋找與自己有相同
音樂喜好的人

37

百度旗下的影音平台

愛奇藝 (iQIYI)

企業名稱：北京愛奇藝科技有限公司

累計用戶數 **1.19**億	月活躍用戶數 **6.4**億	推出年份 **2010**年
僅限付費會員，其他未公開		

簡單好用的UI便於檢索

　　愛奇藝是百度旗下類似「Netflix」的App。

　　除了提供影片串流服務外，也提供電商、社群媒體、直播、遊戲、電子漫畫、電子書、票券販賣等各種服務。

　　提供的影片有電影、電視劇，也有適合學生學習的影片等，種類相當豐富。

　　介面簡單好用，只要設定種類、國別、年代等各種搜尋條件，就可以從龐大的內容當中，篩選出自己想要觀賞的內容。也有功能可以在電影播放時選擇只播放特定演員的片段。

　　付費成為會員，就可以無廣告干擾地追劇，也能觀賞限定付費會員才能看的內容。黃金會員年費是人民幣一百七十八元，鑽石會員年費是人民幣四百元。兩者最大的差別是能否用電視觀賞影片。

商業模式

■ 主要的收入來源

・訂閱收入　・服務費　・電商收入　・收入分成

・廣告費　等

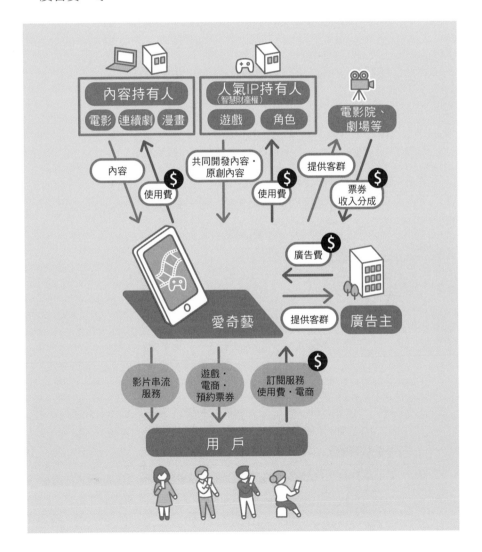

需求與成長背景

愛奇藝能搶下廣大的市占率，主要原因是二〇一三年母公司百度以三點七億美元收購了當時相當熱門的線上影音網站「PPS」，並與愛奇藝合併。

之後，更是朝向多功能化發展，如販賣玩具、動畫周邊商品、遊戲機等的電商和社群媒體功能，自己也能開啟直播影片的直播功能。其中，社群媒體功能還搭載了可以自訂自己頁面外觀的功能，絲毫不比正規服務遜色。

還有一個特徵是內容相當豐富，甚至包含有歷史、文學、商務、小學到大學的學習等知識，所以也有用戶會透過愛奇藝來學習各個領域，這個特點吸引到許多不同層級的用戶加入成為會員。

二〇一五年因中國網路版權的變化，愛奇藝開始自主製作內容，二〇一七年與「Netflix」合作等，商業版圖漸漸擴大了。

■ 三項重大進展

1	2015 年	獲得中國版「紅白歌唱大賽」的獨家網路版權	獲得中國版紅白歌唱大賽「春節聯歡晚會（CCTV）」的獨家網路版權。1400 萬人共同線上觀賞實況轉播，更新了網路直播的世界紀錄。此後，會員數大暴增。
2	2017 年	與 Netflix 簽訂原創作品的授權契約	可以觀賞許多部美國影集後，收費會員人數大幅增加。另外，從 Netflix 也可觀賞愛奇藝製作的電影與連續劇。
3	2018 年	在那斯達克股票交易所上市	三月上市後，短短三個月內股價就翻了 2 倍，該公司的總市值一度突破 3 百億美元。

主要功能與UI的特徵

App主畫面

可透過地區、種類、
年份等項目來檢索

所有影片都有排名且
同步更新

有用戶可以互相交流的
社群媒體功能

也有上傳遊戲直播影片

可以閱覽各種知識內
容，例如學生相關學
習等

中國 App 搭載社群功能的理由

如同前面介紹過的內容，中國無論是電商、新聞 App、生活 App 等，各種App 都要搭載社群功能。其理由是可以藉此獲得新用戶並且防止用戶流失。想要提升線上服務的收益，就必須吸引更多用戶加入才行。因此，關鍵在於獲得新用戶與提升用戶的忠誠度。社群媒體功能可以營造歸屬感，這個功能最大的武器，就是能將報導分享至其他的社群媒體來吸引潛在用戶，或在App 內建立人脈。

中國相當重視社群功能，除了微博等主要的社群媒體以外，喜歡車子就加入〇〇 App 的社群、喜歡料理就加入 XX App 的社群。

舉例來說，日本的「Cookpad」也可以將食譜分享至其他社群媒體，而且，透過「料理實作感想」還能與食譜頁面的投稿者直接交流。只是，沒辦法開設「喜愛中華料理的社群」。

另外，本書曾介紹的下廚房 App，其社群媒體功能是獨立的，並沒有附設在食譜頁面上，所以形成擁有相同興趣的用戶會分別開設許多社群的狀況。

假設有一天出現競爭力超強的 App，那麼，用戶流失率最高的 App 想必非Cookpad 莫屬吧。

App 搭載社群媒體功能當然會增加開發成本。以日本來說，如果現有的 App都要搭載社群媒體功能的話，肯定要花費數千萬日圓以上。另一方面，如前面所述，中國都是以自家公司開發為主，所以成本只要日本的五分之一就夠了。這也是中國有許多 App 都會搭載社群媒體功能的主要原因之一。

第6章

自我成長・健身・美容

38

中國排名第一的社交健身App

Keep

企業名稱：**北京卡路里科技有限公司**

| 累計
用戶數 **2** 億 | 月活躍
用戶數 **2024** 萬 | 推出年份 **2015** 年 |

能觀賞健身影片，也能購物或得到教練的建議

基本上 Keep 是可以免費使用的社交健身 App。可以在家一邊看專業教練教瑜伽、重訓、伸展運動（拉筋）等健身影片，一邊自己訓練。

跑步用的功能也相當充實，特徵是能讓人愉悅地持續運動，因為這項功能除了記錄距離、時間以外，也可以上傳自己跑步的路線或者採用其他用戶上傳的路線來跑步等。

另外，也有社群功能，用戶們可以在各個社群裡彼此打氣、較勁，以及互相交流鍛鍊的訣竅與飲食建議等。

還有，App 裡的電商功能，能夠購買健身用品或健康補給品。

只要支付人民幣十九元的月費，就可以諮詢專業人員、擬定訓練與飲食的計畫，還能管理更詳細的數據。

商業模式

■ 主要的收入來源

・服務費　・廣告費　・電商收入

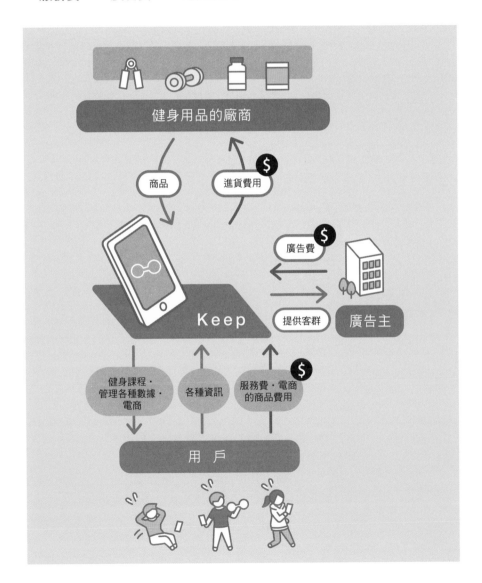

需求與成長背景

功能豐富齊全、能夠愉悅地持續運動，這是用戶選擇 Keep 最主要的原因之一。

以用戶的運動履歷、訓練紀錄、身體數據以及興趣為基礎，用演算法找出最適合的訓練提案（付費會員有專屬教練），在訓練之後，只要輸入數據回饋，就會依照成長進度來調整運動強度或運動種類。

然後，有一套系統會依照訓練時間、燃燒的卡路里以及在社群內的活動實績發放點數，累積點數就能升級到「Keep Grade」，把自己的成長過程變成可視化。

跑步功能除了能選擇附近熱門的路線以外，也能共享自己跑過的路線。地圖上會以排名的方式，顯示同一條路線上每個人跑過的紀錄。而且，重複跑最多次同一條路線的人，還能得到「路霸」（路跑王）的稱號，在社群裡相當引人矚目等，這也是維持繼續跑的動力來源之一。

■ 三項重大進展

1	2015 年	實施「埋雷計畫」	推出前一個月就在 QQ、微信、百度、豆瓣等社群媒體創立社群，提供健身資訊。也因此成功地向廣大群眾宣傳上線資訊。當初，平均一天能達到 4 萬 DL。
2	2018 年	實施「卡路里換金錢的活動」	實施用 Keep 軟體運動就能以消耗的卡路里來兌換金錢的活動。1 卡路里可以換人民幣 0.01 元，最多可以換人民幣 200 元。
3	2019 年	發表 K-Partner 計畫	開始銷售與 Beats 和可口可樂等企業、運動家、KOL 等名人的聯名商品。大大提升了品牌知名度，也吸引了不少顧客。

主要功能與UI的特徵

App主畫面

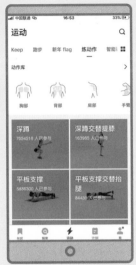

運動項目可以選擇想鍛鍊的部位或難易度

所有項目都有錄製影片詳細說明

設定目標就會自動推薦運動計畫

運動和瘦身的相關知識相當豐富

社群媒體功能可以投稿自己本身的活動

39

學英文只要有百詞斬就夠

百詞斬（BaiCiZhan）

企業名稱：**成都超有愛科學技術有限公司**

累計用戶數	月活躍用戶數	推出年份
8000 萬	**1556** 萬	**2012** 年

用圖像記憶法輕鬆背英文單字

百詞斬是免費學英文的 App。學習單字的方法主要是採用圖像記憶法，所有單字都以照片或圖表的方式呈現，用戶可以透過圖像輕鬆記住單字的意思。

從小學程度到 TOEFL 應考、商業用語等，各種程度的單字集總共準備了四十種以上的類型，依照用戶不同的目的可以做有效率的學習。

背單字時，不是硬記拼寫，而是從多數的圖示或照片當中點擊符合題目的單字。

除了單字集以外，也有其他各式各樣的功能，如：學習用的影片、可以邊走邊學習的單字廣播、管理學習進度、複習用的內容、各種題目、測驗、用戶們彼此可以對戰的遊戲、或者先與其他用戶組隊再和其他隊伍對戰的小班制功能、能購買書籍和文具用品等的電商功能，內容豐富有趣，可以輕鬆快樂地持續學習。

商業模式

■ 主要的收入來源

· 電商收入　· 廣告費

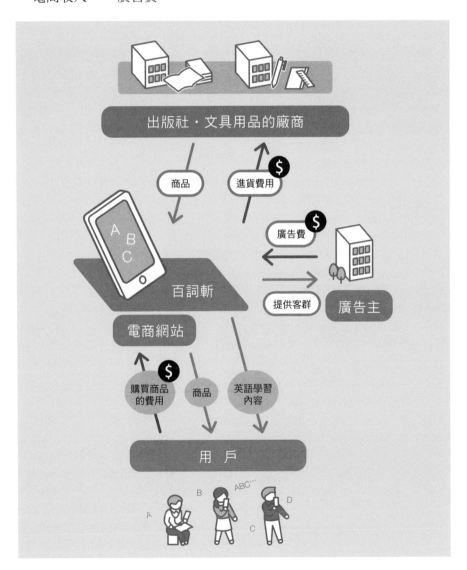

需求與成長背景

百詞斬的內容設計成只要一點瑣碎時間就能使用，例如通勤、通學時間或者休息時間等，相當適合想要有效利用時間的商人與學生族群。

百詞斬的優點是內容相當具有獨特性。最特別的是以圖像背單字的方式，其他還有別的英語學習 App 所沒有的豐富功能，例如一邊與其他用戶交流一邊玩遊戲或看影片、可以自己創立或參加「學習小組」的小班制功能、可以聽音檔內容等，這些功能相當受歡迎，不但被評價為「有趣到令人上癮」的 App，也吸引許多新用戶並提升了原有用戶的忠誠度。

還有，App 推出後馬上就在微博開設官方帳號，加深與用戶之間的交流，以及在 App 舉辦遊戲大會等活動，扎實的行銷手法也有助於提升用戶的參與度。

■ 三項重大進展

1	2012 年	在微博的官方帳號中展開各種宣傳活動	主要是更新資訊，回答問題，以推播方式進行官方商品、活動的宣傳等。追蹤人數達 390 萬人。2014 年在微信也有開設官方帳號。
2	2013 年	正式推出能在社群媒體上分享自己紀錄的功能	學習成果可以上傳到微信或微博，除了維持用戶的學習動力外，用戶人數也因宣傳效果而增加不少。
3	2018 年	舉辦大規模的活動「王者 PK 錦標賽」	舉辦「單字 PK」的對戰大會，贏的人獲得獎勵，累積獎勵能兌換同一個 App 裡的電商優惠券。這項活動吸引了 50 萬名新用戶加入。

主要功能與UI的特徵

App 主畫面

基本功能是透過測驗
的方式，找出符合例
句中特定單字的圖案

可選擇文字、音檔、
影片等方式自我複習

提供大量的英文書籍

透過短文可以深入理解
文法與詞彙等

可與其他用戶交流、
分享進度的小班功能

40

特徵是擁有豐富原創作品的電子書App

掌閱（iReader）

企業名稱：**掌閱科技股份有限公司**

| 累計
用戶數 **6** 億 | 月活躍
用戶數 **1.7** 億 | 推出年份 **2011** 年 |

完善的閱讀功能與背景音樂等，打造電子書才有的閱讀體驗

掌閱是閱讀電子書的 App。掌閱與一般電子書 App 軟體的差別是：大部分銷售的內容都是沒有經過出版社，而是作家本人直接投稿給掌閱，然後由掌閱這邊負責編輯，之後再上架銷售的原創小說或漫畫。由於可以對應 EBK、TXT、UMD、EPUB、CHM、PDF 等各種文件格式，所以任何人都能輕鬆投稿。

特徵是朗讀功能。內建有各種聲優的聲音，可以選擇自己喜愛的聲音播放。還有，根據不同場景還會播放背景音樂等，可以享受書本所沒有的閱讀體驗。

而且，也有銷售彩色畫面朗讀功能的「iReader」電子書閱讀器，這也是提高用戶忠誠度的主要原因之一。

雖然掌閱可以免費使用，但是要閱讀所有內容的話就必須加入會員，會員月費是人民幣十元。

二〇一七年在上海和香港的證券交易所上市，二〇二〇年獲得百度投資。

商業模式

■ 主要的收入來源

・訂閱收入 　・廣告費 　・電子書閱讀器銷售收入

・平台使用費 　等

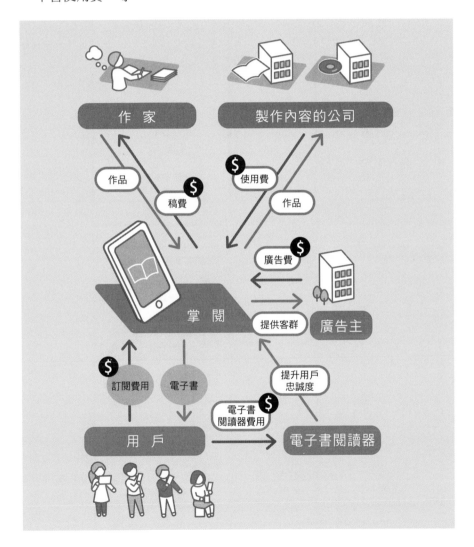

主要功能與UI的特徵

App主畫面

可以依照個人喜好自訂主頁的畫面配置與顯示內容

可從選項檢索小說、漫畫、商務書籍等各種內容

書籍的詳細頁面中,除了介紹內容大綱,也能查看熱門程度以及讀者的留言

電子書的介面具有變更背景顏色、變更字體大小以及利用書籤標記等功能

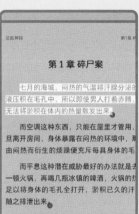

可以透過AI念出電子書內容的「AI朗讀」功能。不只可以設定朗讀速度，也能變更聲音（男聲、女聲等）

也可以下載有聲書用聽的

幾乎所有內容都有細分章節

41

听

中國最大的音頻社群分享平台

喜馬拉雅（Himalaya）

企業名稱：**上海喜馬拉雅科技有限公司**

累計 用戶數 **6億**	月活躍 用戶數 **8661萬**	推出年份 **2013年**

豐富的內容獲得全球六億用戶的青睞

喜馬拉雅是可以收聽播客、有聲書、無線廣播等的音頻社群分享平台。二〇一七年也開始在日本提供服務，所以應該很多人都知道這個App才對。

有自我成長、語文、小說、童話、怪談、相聲等所有種類的音檔內容，內容多到已搶下中國國內七成以上的市占率。

另外，也有直播功能，用戶進入直播主的直播間就可以與直播主對話，也能贈送禮物。其他還有投稿影片的功能與遊戲等。

播放內容時會插入廣告，利益是分配給製作者與旁白者，個人也能藉由上傳內容來賺取收入。在較有名氣的網紅當中，也有年收入超過人民幣百萬的人。

支付月費二十五元人民幣加入會員，就可以聽VIP的內容，視聽過程中也不會受到廣告干擾。

商業模式

■ 主要的收入來源

・訂閱收入　・服務費　・廣告費

・終端銷售收入　等

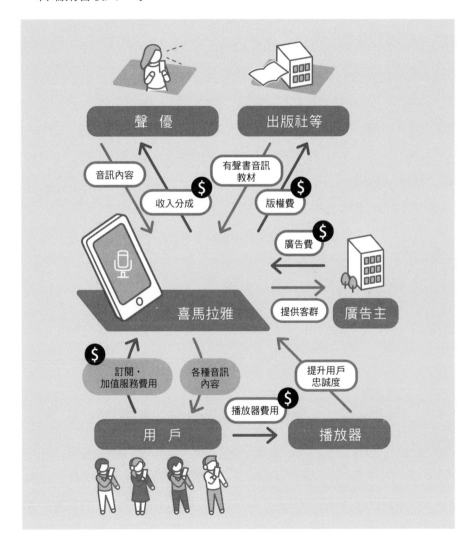

需求與成長背景

　　喜馬拉雅的內容當中，以自我成長與商務、語文等知識占最大比例。

　　競爭激烈的中國對這些知識有很大的需求，但是開車時、搭乘客滿的電車移動時，或者跑步健身時都無法看書，所以這種透過音檔來獲得資訊的方式相當受歡迎。

　　當初推出時為了爭取更多的收費會員一度陷入苦戰，現在因為普遍有了「使用者付費」的意識，所以收費制度也終於上了軌道。

　　二〇一七年中國正式銷售能聽全部內容的智慧喇叭「小雅 Nano」。由於贈送一年 VIP 會員，所以前一萬台僅花一分鐘就賣完。

■ 三項重大進展

1	2015 年	與多間出版社策略合作	獲得熱門有聲書的 IP。喜馬拉雅穩坐龍頭地位。擁有約 7 成最暢銷有聲書的使用版權。日本最暢銷的科幻小說《三體》也被喜馬拉雅製成廣播劇。
2	2016 年	「加值服務收費內容」正式開賣	與 2000 位以上的名人合作，提供 1 萬個以上的收費內容。2017 年每 1 位用戶的平均收入（ARPU）超過人民幣 90 元。這相當於科技大廠騰訊的遊戲平均收入。
3	2016 年	創設「66 會員日」	舉辦加入會員、招待朋友就可以得到各種獎勵的活動。這段期間獲得 342 萬位用戶加入會員，營業額總計約人民幣 6114 萬元。

主要功能與UI的特徵

App主畫面

播放畫面。有許多功能
鍵可選擇，相當方便

除了音檔以外，也能
投稿、視聽短片

能與聲優交流的聊天室。
也能贈送禮物

投稿者可以選擇聲音
適合自己作品的聲優

也有電商網站可以購買
雜貨等物品

42

免费问老师 **100**

八億人都在利用的學習App

作業幫（zuoyebang）

企業名稱：**小船出海教育科技（北京）有限公司**

累計用戶數	月活躍用戶數	推出年份
8 億	**1** 億	**2014** 年

透過App也能享受與真實補習班相同的服務

作業幫主要是提供適合學生視聽的授課影片，類似日本的「Study-sapuri」學習App。各科目的授課影片適合小學一年級到高中三年級的學生學習。

除了影片以外，還有一對一或一對多的視訊課可以線上聽講師授課，也有即時解答的諮詢功能。另外，拍下不懂的問題上傳，就可以比對資料庫裡的資料，然後藉由電子郵件獲得解答。社群媒體功能可以與其他學生討論問題集和試題。電商可以購買參考書或文具用品等。具備所有與學習相關的功能。

而且，還有專人幫忙管理、追蹤學習計畫等，提供的服務與真實補習班相同。

講師與日本一樣，也有所謂的「明星講師」，其影片相當引人關注。

商業模式

■ 主要的收入來源

· 訂閱收入 · 服務費 · 電商收入 · 廣告費

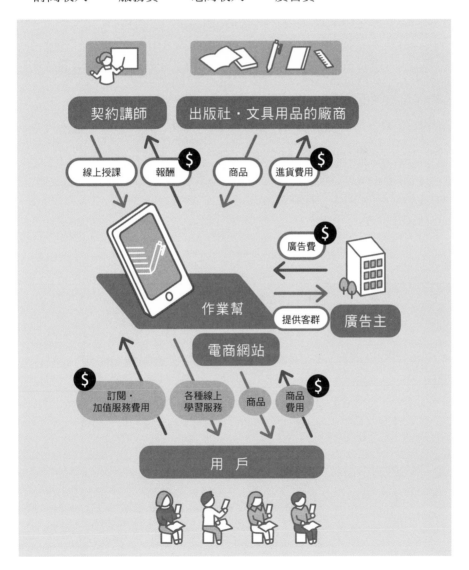

需求與成長背景

中國許多家長十分關心孩子們的教育，不過，因為所得差距相大，所以每個家庭能接受的教育也有很大的差別。對於低收入家庭的孩子來說，不須負擔房屋租金和人事費、可平價提供線上學習的作業幫服務，剛好是一個很好的學習機會。

還有，因為中國的補習班數量比日本還少，所以不受場地限制、隨時隨地都能提供授課服務的作業幫獲得許多用戶的支持。

這套系統是講師上傳自己的授課影片，每播放一次就可獲得一次收入。看影片的學生可以用 App 的功能留言或者填寫對講師的評價，所以各位講師基於競爭原理必定會下足工夫認真編輯要上傳的授課影片。也因此，授課的品質會隨著時間逐漸提升。

■ 三項重大進展

1	2018 年	推出中國第一個青少年安全保護系統	與政府合作，活用最先進的 AI 技術，開發過濾有害資訊、追蹤、防禦系統。由於進行的活動對青少年利用網路有幫助，獲得用戶的信賴。好感度也因此提升。
2	2018 年	發表促進教育機會均等的計畫	發表促進教育機會均等的計畫，與貴州省延河縣締結支援契約。對提升 App 的好感度相當有幫助。
3	2020 年	提供中小學生免費線上上課	在新冠肺炎疫情肆虐期間，針對停課的中小學生免費提供所有科目的線上授課。因此，該 App 的 MAU 超過 1 億人，用戶數突破 8 億人。

主要功能與UI的特徵

App主畫面

安排多位專業講師
線上授課

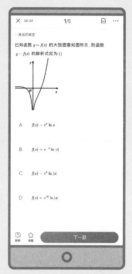

App可以從資料庫查
詢考古題和小論文

不懂的問題拍照上傳,
馬上就可以得到答案

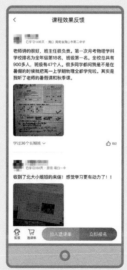

準考生專用的社群媒體中,
學生們熱烈討論的話題大都
是學習與夢想相關的話題

提供用戶們可以互相
提問與解答的Q&A
社群功能

43

平安好醫生（Ping An Good Doctor）

企業名稱：平安健康醫療科技有限公司

| 累計用戶數 **3.5**億 | 月活躍用戶數 **6730**萬 | 推出年份 **2015**年 |

從預約醫院到通訊診療、買藥，全包的醫療App

　　平安好醫生是大型保險公司「平安保險」所經營的醫療、健康App，主要功能是預約醫院和通訊診療，透過即時通訊諮詢醫師。

　　可以選擇的醫院有三千間、二十二科診療科、五萬人以上的特約醫師。通訊診療的費用平均約人民幣五十至一百元。也可以指定專業名醫預約通訊診療或諮詢。

　　App裡也有醫療類的電商，可以購買藥物或健康補給品、健康食品、繃帶、貼布等。

　　另外，也有社群功能和直播功能，企業或個人都可以訂閱健康補給品或運動等有關健康的資訊。除了能追蹤喜歡的直播主外，只要點擊介紹商品的畫面就能輕鬆購買，相當方便。

　　還有，也能瀏覽有關健康的資訊、報導等。

商業模式

■ 主要的收入來源

· 服務費　· 電商收入

需求與成長背景

中國的醫院候診時間很長，有時候光是在候診室等待就得耗上一整天。由於國土相當遼闊，有些住家附近沒有醫院或者希望能讓名醫診療的人會覺得，就算花費高額的交通費也沒關係，還會為了診療而特地請假前往。

另外，想要找名醫診療卻預約不到，此時就得額外多花一些錢購買別人轉賣的預約券，才能如願排到隊讓名醫診療。平安好醫生了解人們對就醫的不滿也解決了這樣的不便，所以推出五年後用戶人數便已超過三億人了。

無論是通訊診療，還是主要只是想跟醫生確認是否應該前往醫院時，所使用的即時通訊諮詢全都全年無休，二十四小時都能使用。

還有，與中國境內約十萬家（占中國國內藥局的二五％）藥局合作，所以領藥時可以就近到附近的藥局領取。像北京、廣州與天津等八大城市，只要下訂單，兩個小時內就會把藥品送達。

想要預約診療時，可以參考醫師至今診療過的患者人數、網友評價、高評價的比例、二十四小時內回覆（即時通訊）的機率等，所以可以選擇適合自己的醫師。

從醫師們的角度來看，利用空閒時間透過即時通訊等診療就能得到收入的平安好醫生，也是一項相當不錯的服務。

二〇一七年獲得軟銀願景基金四億美元融資，隔年在香港證券交易所上市。

平安好醫生不只發展通訊診療，也有與實體醫院合作，對於現在仍針對通訊診療、網路販售醫藥品是否解禁而爭議不休的日本來說，O2O的商業模式應該是相當值得參考的服務吧。

■ 主要的資金來源

籌措資金	籌措資金時期	籌措資金總額	投資者
IPO	2018 年	11 億美元	個人投資者
策略投資	2017 年	4 億美元	軟銀願景基金
A 輪融資	2016 年	5 億美元	IDG 資本 JIC Group
天使輪	2010 年	非公開	ClearVue Parteners

※天使輪：構想階段、或者投資剛起步幾乎沒什麼顧客的新創公司

■ 三項重大進展

1	2015 年	發展販賣、配送醫藥品的服務	積極強化電商的醫藥物流功能，與許多販賣醫藥品的企業合作。在北京、杭州、南京、廣州、深圳、瀋陽、天津等八大都市，標榜可以在兩個小時內將藥品送達。
2	2018 年	與 Grab Holdings Inc. 策略合作	與東南亞共乘服務最大規模的「Grab」（新加坡）公司共同出資，在東南亞設立合資公司，提供線上醫療與宅配醫藥品的服務。朝向東南亞市場發展。
3	2020 年	開發全世界第一套符合國際基準的醫療影像 AI 輔助診斷系統	開發 AI 輔助診斷系統，利用 6 億 7000 萬人份的龐大數據深度學習，內容涵括 3000 種疾病資訊。這套系統獲得 WONCA（世界家庭醫生組織）最高級別認證。

主要功能與UI的特徵

App主畫面

因為各診療科都有多位醫師登錄，所以可以找適合自己的醫師診療

每位醫師的介紹頁面都有患者評價，可以安心利用

不確定是否該掛號就診或者只是想請醫師開藥時，都可以透過即時通訊功能與醫師商量

可以馬上到最近的藥局購買處方藥

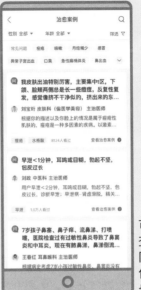

可以從資料庫查詢與自己相同症狀的人吃什麼藥,而且也能線上購買

有保健、預防生病、瘦身等各種社群,許多用戶都在這裡交流

電商功能完善,以健康為主的商品種類相當豐富

44

有原創玩偶的高人氣智育App

小伴龍（Xiaobanlong）

企業名稱：**深圳市有伴科技有限公司**

累計用戶數	月活躍用戶數	推出年份
1 億	**992** 萬	**2012** 年

活用原創內容的商業模式深受矚目

小伴龍是幼兒教育用的 App。

內有各式各樣的學習內容，益智遊戲、音樂、動畫遊戲、「金錢」「數學」「英語」「中文」之類的科別、培養正確生活習慣與道德的內容、童謠和節奏遊戲等音樂內容，以及可以體驗各種職業的遊戲等。

小伴龍的內容全都是原創。其中，最具特徵的是使用原創玩偶的故事遊戲。對話時會出現題目，解題之後才能進入下一段情節。其他還有類似日本「KidZania」（兒童職業體驗樂園）虛擬版的職業體驗遊戲，所謂「智育 App」的內容就是這麼地與眾不同。

原創玩偶也有商品化、製成動畫，有許多用戶是為了玩偶才加入 App 會員的。

小伴龍提供免費和收費的內容，收費的內容若不想一次繳交年費人民幣九十八元，也可以選擇只訂閱單項、付單項的費用即可。

商業模式

■ 主要的收入來源

・訂閱收入　・服務費　・廣告費

・商品銷售收入　等

需求與成長背景

中國以往長年實施「一胎化政策」，自從開放可以生養第二個小孩的「二胎政策」以來，幼兒教育領域的成長備受期待。

小伴龍的用戶大都不是居住在有許多補習班等教育設施的大都市，而是居住在比較偏鄉的地方。小伴龍成長的最大主因，就是把目標放在總人口數多的偏鄉地方。

其他的幼兒教育 App，大都是採用現有的迪士尼等內容來提供動畫或簡單遊戲，而小伴龍的內容包含玩偶在內全都是原創。透過這些玩偶的相關商品或活動、電視動畫等，吸引了不少潛在顧客下載使用小伴龍 App。

■ 三項重大進展

1	2014 年	推出收費會員功能	App 剛推出時一度虧損，後來因為推出收費會員功能，在 2016 年 10 月終於由虧轉盈。之後便一直保持在盈利狀態，眾所皆知這是一個教育 App 收益化的成功事例。
2	2016 年	舉辦兒童適合觀看的舞台劇	舉辦原創玩偶登台表演的舞台劇。之後，透過將玩偶商品化、製成動畫等，成功打響玩偶的知名度，並展開各種策略吸引用戶加入 App。
3	2016 年	正式推出收費內容	開始提供針對每項內容個別收費的故事遊戲。收益來源增加，不再只是仰賴會員費。推出之後大約 4 個月就吸引了 160 萬位用戶。

主要功能與UI的特徵

App主畫面

可以學習讀寫、算術、
英語、生活習慣等的
內容

冒險形式的遊戲可以
學習道德和邏輯思考

也有可以體驗各種職業
的小遊戲

可以繳交月費外，也可以
選購單項內容，此外，也
有搭配多種組合的方案

家長可以設定使用時
間，避免孩子過度使用

45

中國美顏App的代名詞

美圖秀秀（Meitu）

企業名稱：**廈門美圖網科技有限公司**

累計 用戶數	**8億**	月活躍 用戶數	**3億**	推出年份	**2011**年

隨著社群媒體風行而急速成長的影像補正App

美圖秀秀是專門處理人物照片的影像補正 App，在中國可說是幾乎每一位年輕女性都會使用的軟體。市場遍及全球，包含日本在內總共二十六個國家，用戶高達八億人。

據說中國的年輕人彼此之間有個潛規則，不管男性或是女性，只要一起拍照時沒有使用這個 App 進行影像補正的話，就代表那個人非常沒有禮貌。

除了具備一般美顏 App 應有的讓眼睛變大、美化肌膚、瘦臉等基本功能外，還有改變眉毛粗細、改變眼睛的大小形狀與兩眼之間距離、改變視線方向、改變嘴巴形狀等功能，泳裝照片也可以豐胸或重塑肌肉曲線等，每個部位都能任意修圖。

另外，還備有各種濾鏡與背景主題（有一部分需要收費），也可以在裁切人物、插入背景主題的照片中塗鴉。

證照照片和畢業照也能製作。

由於具備社群媒體功能，所以同一個 App 裡就可以輕鬆上傳加工後的影像。

商業模式

■ 主要的收入來源

・服務費　・廣告費　・圖像處理技術費　等

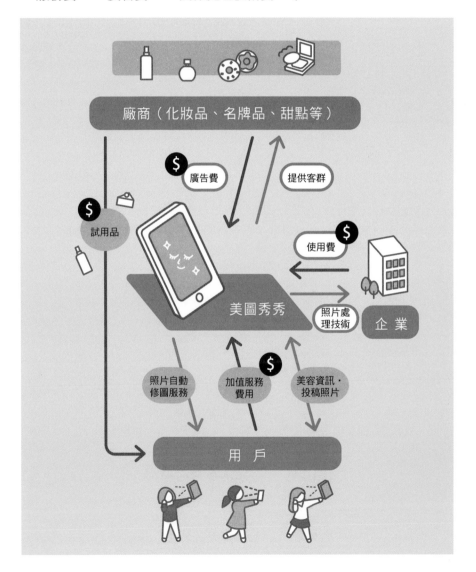

需求與成長背景

美圖秀秀的優勢除了能自動修正影像外，還能手動進行微調，功能強到堪稱是手機版的 Photoshop，而且公司也致力於廣告事業，推出許多適合企業的項目。

舉例來說，許多企業的廣告都集中顯示在畫面上方的「試用品」標籤，只要點擊觀賞宣傳影片，就能獲得一份試用品。

而且，點選內建的濾鏡就能將影像中的膚質改變成跟各間化妝品公司的廣告照片一樣好，等於是虛擬試用新的化妝品。因此，對企業來說，這儼然已經成為行銷的重要管道之一了。

刊登的廣告不只化妝品公司，其他還有許多各行各業的公司也都有刊登廣告，內容都是以鎖定年輕女性的商品居多，如衣服、飲料、餅乾等。

另外，為了積極推動事業多角化，現在也有提供影像處理技術給同業的其他公司等，努力發展 B2B 商務（企業對企業，business-to-business）。

■ 三項重大進展

1	2012 年	增加專門處理臉部照片的影像補正功能	增加像美白、放大眼睛、去除面皰或皺紋、瘦臉等專門處理臉部的功能。這些功能相當受歡迎，甚至成為其他美顏 App 爭相仿效的對象。2013 年後該 App 的 MAU 以將近 10 倍的速度急速成長。
2	2017 年	推出海外版	在國外推出影像加工 App「BeautyPlus」、美顏相機「BeautyCam」。國外的用戶人數突破 100 萬人。
3	2018 年	增加社群媒體功能，進化成社交平台	推出社群媒體功能。推出後僅花三個月，上傳到社群媒體的影像、影片內容已經有高達 80 億次的瀏覽數了。

主要功能與UI的特徵

App主畫面

可以簡單修正臉或身體
等所有小細節

照片可以進行各種編
輯，如變更尺寸或裁
切等

社群媒體功能是年輕人
交流資訊的地方

也有社群功能可以共享
Vlog影片

觀賞PR影片就可以獲得
試用品等

46

驾校一点通 科目一

主攻利基市場可輔導考取汽車駕照的App

駕校一點通（jiaxiaoyidiantong）

企業名稱：**杭州聯橋網絡科技有限公司**

累計用戶數	月活躍用戶數	推出年份
非公開	**1592** 萬	**2005** 年

全方位提供挑選駕訓班、學習開車、買車等服務

　　駕校一點通是 58 同城旗下輔導考取駕照的 App。提供所有與考駕照有關的服務，如尋找駕訓班、預約、問題集、模擬測驗、社群媒體、買車等。

　　特徵是檢索功能相當完善，可以先參考上面登錄的教練有什麼實績和技巧，然後參考實際接受過指導的學生有什麼樣的評語，覺得不錯的話就報名該學生所說的班級，自己找教練並取得聯繫後，就可以開始接受訓練了。

　　由於具備社群媒體功能，所以同樣想考取駕照的人可以提問、互相交流並共享資訊。

　　只要支付人民幣四十五元月費，就能得到精選問題與教練的建議。支付人民幣一百三十八元購買 VIP 專案，還可以在智慧型手機使用汽車模擬駕駛機。

　　另外，也有提供協助購買新車、中古車的服務，檢索汽車廠牌、車型後，可以向有合作的汽車銷售據點或個人購買車輛。

商業模式

■ 主要的收入來源

・服務費 ・廣告費 ・收入分成 等

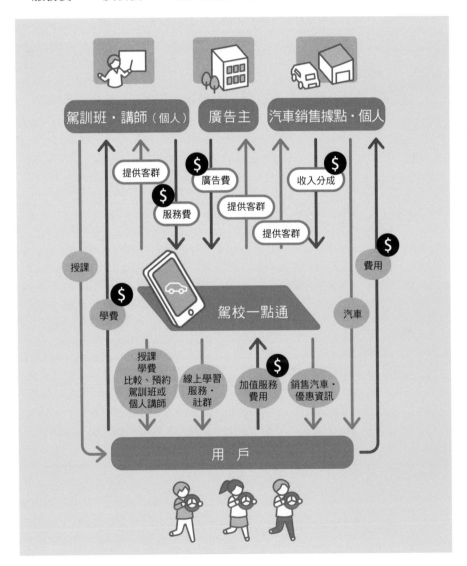

需求與成長背景

　　駕校一點通剛開始提供服務時，只是一個單純介紹駕訓班的網頁，後來 App 化增加了可以學習、考試的功能之後，用戶也隨之急速增加。

　　中國像駕訓班之類實體提供考取駕照相關商務的行業其實早就已經開始沒落了，後來，因為多了「線上學習」這個附加價值，才又回穩並持續成長。

　　二〇一五年被分類廣告企業 58 同城收購，開啟銷售汽車等新事業。

　　因為 App 的功能相當完善，所以搶下市場將近五成的市占率。

■ 三項重大進展

1	2011 年	模擬測驗和問題集首次公開在 App 上	不只介紹駕訓班，也可以透過 App 解答問題、接受模擬測驗。這一項功能奠定了後續快速成長的基礎。
2	2015 年	被 58 同城收購	被 58 同城收購後，與該公司旗下的中古車銷售事業合作等，獲得技術以及營運方面的資源。被收購後不到 2 年，DAU 就達到 291 萬人，占中國國內的市占率約 42.6%。
3	2020 年	新冠肺炎肆虐期間免費提供用戶遠端學習	在居家隔離期間提供免費直播講座。總共有 500 萬位以上的用戶參與，播放次數突破 1 億次。還有，針對苦於招生的駕訓班提供招生廣告 5 折優惠的活動，提高在業界的影響力。

主要功能與 UI 的特徵

App 主畫面

可以參考點評論壇與價格，尋找適合自己的駕訓班或講師

備有豐富、考駕照專用的學習內容

不容易理解的地方可以透過直播授課或影片等來學習

社群媒體功能可以交流考駕照和日常用車的相關資訊

提供各種車型的基本資料和銷售資訊

中國發展成功的關鍵——什麼是 KOL 行銷？

同前述，「KOL」是 Key Opinion Leader 的簡稱，在中國市場是指網紅的意思。在網路普及以前，從九〇年代開始這個名詞就被用來形容那些在電視節目上非常活躍的藝人或名嘴。後來，隨著社群媒體的發展，擁有許多粉絲的人也開始被稱為 KOL，許多企業會聘請他／她們來為自己的產品行銷。日本主要都稱為 YouTuber，但在很多 App 都附有社群媒體功能、網路上擁有大量社群的中國，則有各種不同的 KOL 存在。

舉例來說，在微博、BiliBili 上十分活躍的 PAPI 醬擁有大約三千一百萬名粉絲，一個廣告能賺取的最高金額高達人民幣二千二百萬元。

還有，以中國傳統鄉下生活影片出名的李子柒，在微博上擁有兩千萬名粉絲，在抖音上的粉絲更是超過三千萬名，她經營的電商官網（販賣傳統美食等）在開幕當天，營業額就突破人民幣兩千萬元了。

以直播銷售化妝品成名的李佳琦，二〇一九年光棍節那天在淘寶直播上的營業額高達人民幣三億元。

雖然趨勢如此，但要成功執行 KOL 行銷也沒有那麼容易。因為聘請人氣最高的 KOL 要花費不少費用，而且也曾發生過誇大營收和瀏覽數灌水等問題。另外，還要考慮 KOL 行銷僅可以帶動一時的風氣，不具有長期性的廣告效果。中國在執行 KOL 行銷時，除了會衡量他／她們的影響力外，也會評估形象適不適合商品，並不會完全依賴網紅，畢竟提升商品本質如品質與服務等才是最重要的。

第 7 章

金融・資產・保險

中國最大的股票買賣和投資資訊平台

同花順（Royal flush）

企業名稱：浙江核新同花順網絡信息股份有限公司

累計用戶數	月活躍用戶數	推出年份
4.9億	**3257**萬	**2009**年

不只管理、運用資產，也能進行模擬交易

同花順是一個投資、資產運用的 App，提供買賣股票、投資信託等服務。除了能管理、運用資產外，還有提供與實際交易一樣畫面的模擬交易服務，也能看與投資有關的報導，所以適合用來學習投資。

另外，每個人對於每檔股票會上漲或下跌都有不同見解，這套 App 能以圖表形式呈現這些不同見解的比例，也有討論區可以討論關於今後的展望以及股票等。

基本功能可以免費使用，不過，另外也有許多不同的收費方案，有一年只要人民幣十八元的方案，也有兩年需要人民幣二萬元的超級會員方案等，不同的收費標準，得到的資訊內容當然也會有所差異。用戶可以依照自己的需求選用該公司用自己開發的演算法來選股的選股功能、透過 AI 分析提醒快要達到最低價的警示功能、獲得知名投資家資訊的加值服務等，

同花順自二〇〇九年起開始開發 AI，研究人員高達兩千人以上。二〇一九年時，該公司開始利用 AI 投資私募基金。

商業模式

■ 主要的收入來源

· 銷售金融商品 · 服務費 · 廣告費 · 收入分成

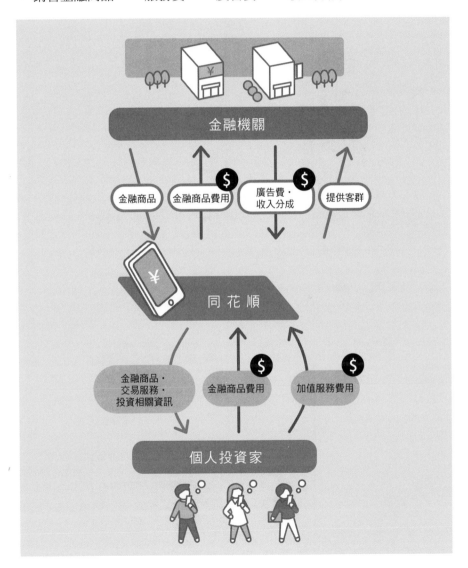

主要功能與UI的特徵

App主畫面

可依照熱門程
度排列各指
數、股票,也
可以從全球、
各國市場等篩
選

除了可以輸入
文字查詢股票
代號(股號)
或(股名)等
外,也可以透
過語音輸入查
詢

可以瀏覽有關
股票和經濟等
相關報導以及
各種資訊

按下左上角的語音播放鍵，就會開始用語音朗讀新聞報導

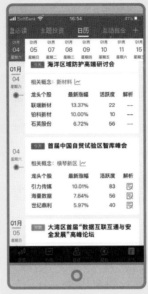

日曆功能上顯示的資訊是今後兩週內可能會影響股價的活動

模擬交易的介面與實際交易畫面一模一樣

只要輸入關鍵字就能及時獲得資訊的AI輔助功能

48

特別將金融與健康管理合而為一的App

平安金管家 (Ping An Insurance company of china

企業名稱：**中國平安保險（集團）股份有限公司**

累計用戶數 **2.3億**	月活躍用戶數 **3300萬**	推出年份 **2014**年

一鍵就能使用平安集團提供的所有服務

平安金管家是由中國大型金融、保險企業平安集團所推出的金融、健康管理 App。

只要一鍵就能使用該公司提供的所有服務，例如加入保險、購買投資信託、各種貸款、申辦信用卡等。

其中最具特徵的是健康相關功能。提供的服務有測量行走步數和心跳的功能、線上免費諮詢醫師的服務、預約或支付全身健康檢查等。

加入該公司的保險後，可以設定運動目標，好處是只要在一週內達成運動目標（行走步數等），就能獲得星巴克等大型連鎖店的優惠券，要是持續兩年都有達成目標，就可以提升保險的保障額度，最多可提升十％左右等。

免費諮詢醫師這個部分是使用同公司經營的 App ——平安好醫生這套系統，可諮詢的診療科有小兒科、內科、牙科、皮膚科等共十六科，每一科都能透過即時通訊請教專業醫師。其他還具備可以購買生活用品等的電商功能和社群媒體功能等。

商業模式

■ 主要的收入來源

・保險費　・金融商品手續費　・收入分成　等

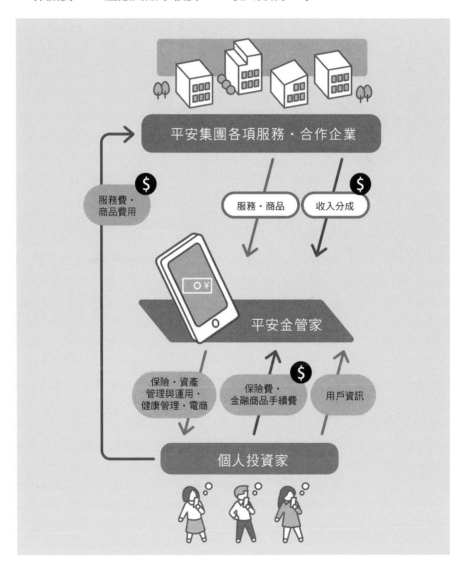

需求與成長背景

平安集團是中國保險業界第三大企業。

原本就有許多人利用平安集團的服務了，再加上社會信用高，所以用戶會超過二億三千萬人也不會令人感到意外。

還有，近幾年來，中國以都市為中心有愈來愈多人開始報名健身房、瑜伽或進行騎自行車之類的運動了，人們的健康意識提高也是 App 使用者增加的主要原因之一。

這個 App，可以利用同集團六大事業提供的所有服務，有各種保險（平安產保）、醫療健康事業（平安好醫生）、融資（平安普惠）、資產運用（平安股票、基金）、銀行貸款‧信用卡（平安銀行）、電商事業（壹財布）。

提供的服務滲透到用戶的日常生活中，包含醫療、資產管理、衣食住（電商）等，所有生活上不可或缺的要素應有盡有，建構生態系統應該是這個 App 成功的最大因素。

對平安集團來說，推廣能利用所有核心服務的 App，雖然操作上複雜一點，但與收益的提升有直接關係。反之，提升 App 的便利性，讓更多人可以簡單使用，也有助於獲得新客戶。

現在，日本並沒有像平安金管家這樣的 App。

雖然兩國在法律和程序等制度上有所不同，但日本的大型保險公司和金融機關若想要更進一步地成長，應該可以藉由開發 App，讓用戶能夠輕鬆利用服務，以拉開與競爭對手之間的差異。

■ 主要的資金來源

籌措資金	籌措資金時期	籌措資金總額	投資者
-	2016 年	非公開	Guotai Junan Securities ／ China Merchants Shekou Industrial Zone Holdings ／ China Ocean Shipping（Group）Company
-	2010 年	非公開	TENGYE VENTURES

■ 三項重大進展

1	2017 年	贊助大規模馬拉松大會，並提供保險給參賽者	贊助約 1 萬 5000 人參加的「海口馬拉松大會」，並且提供保險給參賽者。同時，透過 App 實施的線上馬拉松大會，共有 66 萬人參與，引起許多關注。App 的用戶數因此急速增加，用戶數甚至超過 1 億人。
2	2017 年	透過 App 可利用 5 種金融服務	透過 App 可以利用需求較高的金融服務、生產保險（生產時的保險）、人壽保險、投資、發行信用卡、個人年金等各項服務。把這些服務集中在同一個 App，是金融業界中的首例。後來，用戶數突破 1 億 5000 萬人。
3	2019 年	舉辦「平安 920 金融生活消費祭」	活動期間除了由 AI 進行報價外，同時也發售成本效益高的平價保險商品、金融商品、醫療服務等數百種項目。由於一鍵就可完成簽約，使用上相當便利，參與者共有 4700 萬人，累積交易額突破人民幣 2 兆元。

主要功能與UI的特徵

App主畫面

透過App可
以加入平安集
團提供的各項
服務。有疑問
時可以透過即
時通訊諮詢

可以統一管理
金融商品以及
生活費、愛車
需花費的費用
等

AI輔助功能
可以支援線上
諮詢保險商品
與生活上的問
題、各種手續
等

加入保險的人只要運動達成目標就可以獲得最多10%的補償額,而且還能領取各大型連鎖店面的優惠券

可以觀賞重訓、瑜伽、伸展運動(拉筋)之類的健身影片,也提供健康診斷服務

具有能與其他用戶交流的小組功能。交流主題有金融、汽車、育兒、保險、寵物、美妝等六項,每一個主題都有許多小組可以加入

也有提供英語、數學、國語、程式設計的講座和AI家教服務等

49

幫助罕見疾病患者提供群眾集資服務

水滴籌（shuidichou）

0 服務費

企業名稱：**北京縱情向前科技有限公司**

累計 用戶數	**2.1 億**	月活躍 用戶數	**非公開**	推出年份	**2016** 年

累積捐款人數兩億人以上的巨大募款平台

　　水滴籌經營銷售醫療保險的「水滴保」等平台，這是由水滴推出的募款 App。

　　可以用來幫低收入的罕見疾病患者以及他們家人等募集治療費用，這個平台至今累積捐款人數高達兩億人，累積募集金額超過人民幣三百三十億元，總共幫助了一百萬人以上的患者。

　　一般募款網站的做法都會收取手續費，但水滴籌不一樣，水滴籌的特徵是一切免手續費，不過，只要吸引這些使用 App 的用戶，讓他們加入同公司旗下的 P2P 保險「水滴互助」以及醫療保險「水滴保」，那麼整個集團就能從中獲得收益。

　　由於可以直接在 App 上用微信支付和支付寶來付款，相當方便，節省到銀行匯款等麻煩程序。

　　還有，也有能匿名捐款、能上傳捐款內容到社群媒體的功能。

商業模式

■ 主要的收入來源

· 來自集團旗下保險公司的收入分成（App 屬於非營利）

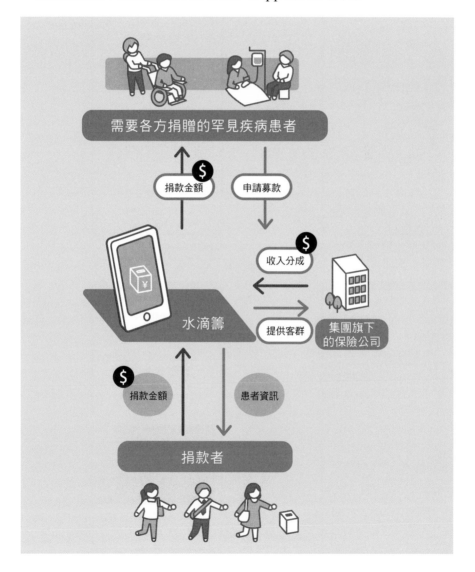

主要功能與UI的特徵

App主畫面

案例的詳細頁面中有顯示目標金額以及已籌到的金額、捐款人數等資訊

由於案例有詳細敘述並上傳診斷書，所以能安心募款

可以瀏覽醫療與募款的相關報導、資訊

不清楚的地方可透過電話或即時通訊向客服諮詢

募款者可向專業顧問諮詢有關申請、審查、募款、募到款項後的應用等過程

發行患者專用的QR Code，就可以代替家人或朋友等人辦理申請或領取募款金額等各項手續

捐款者只要輸入個人資訊就可以瀏覽申請募款的患者所有相關資訊

50

不去稅務局也能繳稅的國營App

個人所得稅（Personal income tax）

企業名稱：**國家稅務總局**

累計用戶數	月活躍用戶數	推出年份
非公開	**1185** 萬	**2018** 年

用一個App管理個人稅務資訊

個人所得稅是一個能繳稅或報稅的國營 App。

由於連結了個人 ID、電話號碼和銀行帳戶，所以可以進行複雜的稅金試算，即使不去稅務局也能進行線上繳稅、下載繳稅證明等。

還有，輸入住宅、扶養家人以及教育程度等資訊就能申報各項扣除額。

因為 App 可以查到與自己本身有關的稅金資訊，所以可以藉此來確認繳稅狀況等，相當便利。

這個 App 的貢獻極大，不但簡化繳稅者的辦理程序，也大幅減輕了稅務局的負擔。

現在，對於正在進行政府部門改革、行政電子化以及推動個人編號普及的日本來說，這個 App 應該相當具有參考價值吧。

商業模式

■ 主要的收入來源

- 非營利

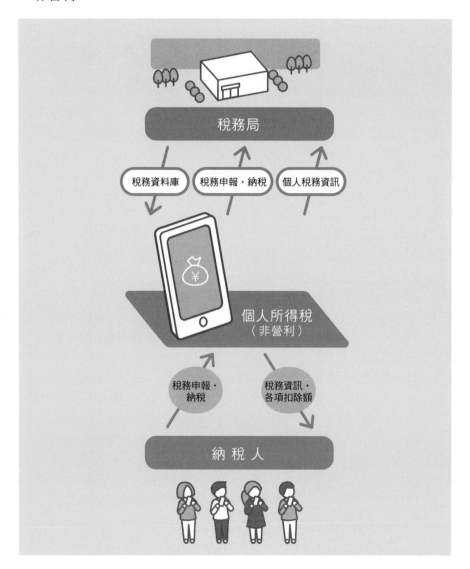

主要功能與 UI 的特徵

App 主畫面

輸入 ID 卡的資訊後，只要進行臉部辨識就可以登錄 App 了，不必親自前往稅務局

只要輸入必要的資訊就可以線上辦理報稅、退稅

也能申報教育費、醫療費、房屋貸款、看護費用等相關扣除額

由於App會記錄至今為止的繳納稅額與年收入等資訊，所以可以隨時查閱

掃描稅務文件（稅單）的QR Code就能辨識真偽

可以檢索、確認稅務的相關資訊、政策內容，以及常有的Q&A

在我的頁面中可以修正個人資訊、以前的稅務資訊、銀行帳戶的資訊、家族資料等

51

¥

主打多功能的中國版「Money forward」

隨手記（Suishouji）

企業名稱：**深圳市隨手科技有限公司**

累計 用戶數	**2.2**億	月活躍 用戶數	**436**萬	推出年份	**2011**年

可以用來進行資產管理，也能學習理財

隨手記是類似日本「Money forward」的記帳 App。由於可以與銀行帳戶、微信支付或支付寶之類的無現金化服務互相連動，所以不必一一輸入收據資訊就能清楚記錄收入與支出。

特徵是除了基本的 UI 外，也可以從其他各種不同的 UI 中選擇自己適用的，其中有 UI 可以用來增加更詳細的紀錄項目，也有 UI 可以用來概略簡化一些比較麻煩棘手的生活雜支，另外，也有功能可以分開管理特定支出，例如為了愛車或情人所花費的費用等。還有，邀請配偶或商業夥伴加入，就可以共同管理資產。

隨手記也有適用於店面等小規模法人的功能，因為業種分類得十分詳細，所以像超商、蔬果店、餐廳之類的業種都有。

至於資產運用相關的課堂講座，只要支付報名費，就可以透過 App 來線上學習。

用戶數大約二億二千萬人。二〇一七年時，從美國國際投資機構 KKR 那裡得到二億美元的融資後，成功拓展事業版圖。

商業模式

■ 主要的收入來源

· 訂閱收入 · 課堂講座報名費 · 金融商品手續費

· 廣告費 等

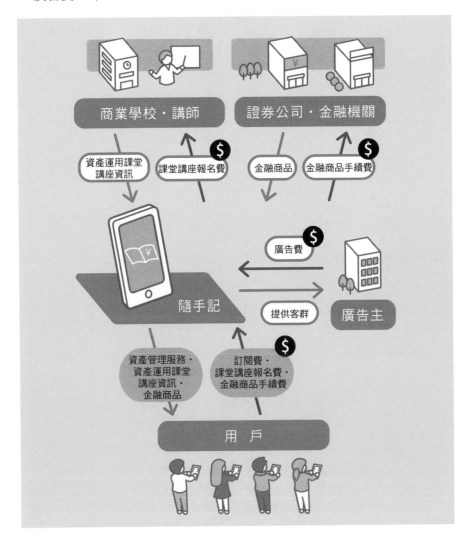

主要功能與UI的特徵

App主畫面

有因應家庭環境與職業、生活型態等帳本,可以自由搭配使用

設定基本值的管理畫面。簡單易懂

可以顯示收入和支出的分類比例。顯示方式有圓餅圖和直條圖兩種

可以設定餐費、交通費、交際費等各項預算，為了避免浪費，一旦超出預算就會跳出警告

可以報名專業講師開課的資產運用和家計管理等課堂講座

社群功能可以討論或共享資產管理和投資等相關資訊

每日執行遊戲任務就可以獲得羊毛，累積羊毛可換取現金

認識改變中國 IT 服務的芝麻信用

芝麻信用是阿里巴巴旗下企業所開發的個人信用評分系統。這套系統會收集詳細的個人資訊來評估個人信用，如存款金額和持有股票等資產、購買履歷、償還貸款和支付公共費用的狀況、興趣、社群媒體上的人脈、有無前科等，評估後以數據化的方式呈現。

如同前面所述，芝麻信用可活用於生活中大小事務，除了可活用於免收共用服務的保證金和租賃住宅免收押金等之外，也可活用於金融機關的信用評等和相親服務等。

在中國社會中，芝麻信用最大的成果就是將「信用＝金錢」這種觀念灌輸給人們。

不過，芝麻信用並非毫無缺點。由於該評分是阿里巴巴提供的服務之一，而且是以支付寶的各種資訊當作評分基準，所以平常主要使用微信等，卻沒有使用阿里巴巴體系服務的人，得到的信用評分就會偏低。反之，在阿里巴巴體系的電商有較多日常消費的人，以及資產幾乎都使用支付寶管理的人，其信用評分就有可能會比實際還高。

日本也開始推出由軟銀和瑞穗銀行經營的「J.Score」服務，只是離普及恐怕還有一段很長又艱難的路要走。

中國因為國土遼闊、人口龐大，個人的信用資訊實在難以掌握，所以非常需要有信用評分。然而，日本的社會環境最講求高信賴性，所以普及的關鍵在於能否找出讓任何人都想使用的好處。

舉例來說，如果日本為了促進普及，在個人編號卡的資訊中增加信用評分的話，就能簡化各項手續的辦理，如此一來，應該就會有許多人感受到好處而使用這項服務了吧。

第 8 章

交通・旅行

52

攜程 (Ctrip)

全球各地都有提供服務的線上旅行代理店

企業名稱：**上海攜程商務有限公司**

累計用戶數	月活躍用戶數	推出年份
4億	**4563**萬 （2018年數據，2020年疫情爆發前2億）	**1999**年

可代理所有與旅行相關的內容

攜程是中國規模最大的線上旅行代理店。只要透過一個 App，就可以預約、支付所有與旅行相關的服務。

雖然主要事業以預約機票和住宿、銷售觀光旅遊為主，但現在提供的服務內容相當廣泛，可以預約新幹線、巴士、藝文表演票券、叫車、團體旅行、郵輪，也可租借 Wi-Fi、投保旅行保險或預約觀光導遊、購買旅遊當地的購物優惠券等。

另外，也有社群媒體功能可以上傳照片或文章。

在攜程的所有功能當中，最特別的功能是觀光旅遊有提供自訂行程的服務。用戶只要在地圖上標註自己所有想去的場所，App 就會迅速規劃出最有效率的路徑，建議最佳的旅遊行程。

地圖上也會顯示中途停靠站附近的設施，只要點擊圖示就可以隨時新增到行程當中。用戶如果不滿意 App 建議的行程，也可以自訂行程。

商業模式

■ 主要的收入來源

・廣告費　・收入分成　・服務費　等

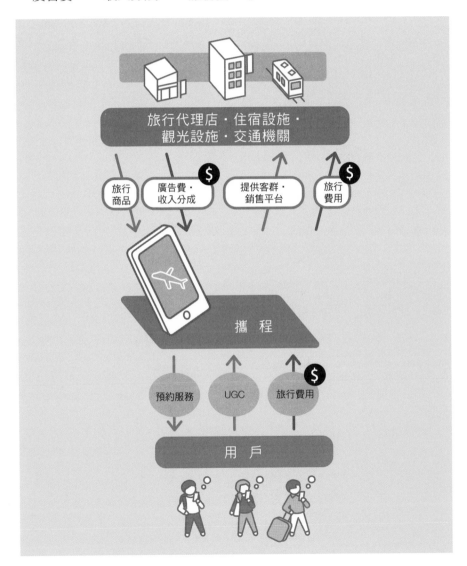

旅行代理店・住宿設施・
觀光設施・交通機關

旅行商品　廣告費・收入分成　提供客群・銷售平台　旅行費用

攜程

預約服務　UGC　旅行費用

用戶

需求與成長背景

中國國內提供線上旅行服務的 App，主要是以「攜程」這種規模的 App 為主。

二〇〇三年在美國那斯達克股票交易所上市。二〇一五年收購業界第二大的「去哪兒」（Qunar）後，鞏固了業界的首席地位。

以「TRIP.com」品牌打開日本市場，進而發展到全球各地都有提供服務。全球共有兩百個國家、一百四十萬間飯店與攜程合作，涵蓋五千個以上的城市。全球會員人數總計超過四億人。

攜程的優勢除了同公司提供的服務範圍與品質以外，便利好用的 App 也加分許多。

如前面敘述，觀光旅遊的自訂行程功能相當簡單好操作，短時間內就能規劃出最有效率的行程。

還有，關於旅行的 App，基本上都是以旅行前使用為前提，不過，攜程也適用於旅行途中，因為攜程可以設定部分觀光地區的語音導覽等，所以抵達當地時，只要開啟 App 就可以一邊聽介紹一邊旅遊了。

另外，也可以在抵達旅行目的地後聘請觀光導遊。由於預約導遊之前可以使用同一個功能事先確認導遊的照片、姓名、至今導覽過的人數、觀光客的評價、有無車輛、訊息回覆率等，所以可以安心尋找適合的導遊。

■ 主要的資金來源

籌措資金	籌措資金時期	籌措資金總額	投資者
策略投資	2015 年	10 億美元	Priceline ／ Hillhouse Capital Group
策略投資	2014 年	10.5 億美元	Priceline
IPO	2003 年	7560 萬美元	個人投資者
C 輪投資	2003 年	1000 萬美元	Tiger Global Management
B 輪投資	2000 年	1127 萬美元	Orchid Asia Group Management, Ltd. ／ Softbank China Venture Capital ／凱雷投資集團（The Carlyle Group）
A 輪投資	2000 年	450 萬美元	Orchid Asia Group Management, Ltd. ／ Softbank China Venture Capital ／ IDG 資本／ 5Y Capital
天使輪	1999 年	50 萬美元	IDG 資本

■ 三項重大進展

1	2003 年	在那斯達克股票交易所上市	上市當天就漲了 88%，創造當時的最高紀錄。
2	2015 年	收購競爭對手企業「去哪兒」（Qunar）	與百度旗下的去哪兒達成股權互換協議。攜程取得去哪兒 45% 的股權。百度取得攜程 25% 的股權，業界兩大競爭對手因此正式宣告合併。
3	2018 年	取得叫車服務的營業許可	取得中國國內線上叫車服務的營業執照。由於全國都有提供線上預約計程車和租車的服務，使旅行者服務的生態系統更加完善。

主要功能與UI的特徵

App主畫面

旅行的目的地分類十分詳細,可以簡單搜尋適合的行程

點擊地圖上的圖示就會顯示遊樂設施等詳細資訊。導航功能會建議最佳路徑

詳細頁面可以查看設施概要與網友評價、即時天氣等資訊。部分觀光地區還搭配有語音導覽功能

也可以預約合作的餐廳或飯店等各項設施

自訂行程的功能簡單好操作，隨時可以新增中途停靠站到自訂行程當中

社群媒體功能可以與其他用戶共享旅行紀錄

可以線上購買旅行途中新推出的保險商品

53

中國版的「Google 地圖」

百度地圖 (Baidu Map)

企業名稱：北京百度網訊科技有限公司

累計用戶數	月活躍用戶數	推出年份
6.4億	**4.4億**	**2005年**

地圖以外的獨特功能也相當引人矚目

百度地圖這個地圖 App 可以說是百度經營的中國版 Google 地圖。

中國的 App 通常都會設法完善，盡可能把所有功能統統集中到同一個 App 之中，所以百度地圖除了地圖應有的基本功能外，其他相關功能也都一應俱全。

舉例來說，有計算跑步距離和消耗卡路里的健跑功能；有使用地圖檢索目的地後可以順便叫車的叫車功能（非特定服務，有多間車行可選擇）；有可以透過 AR 技術介紹觀光勝地、以及提供百貨公司等商業設施內導覽地圖之類的功能。

汽車導航功能則是可以在比較多條路徑時就先顯示紅綠燈數，以及顯示取締交通違規的監視照相機位置等。

至於提供觀光地區兜風觀光路徑的功能，也有搭配導覽解說員的服務，語音可以從自己喜歡的藝人語音中挑選。

商業模式

■ 主要的收入來源

・廣告費　等

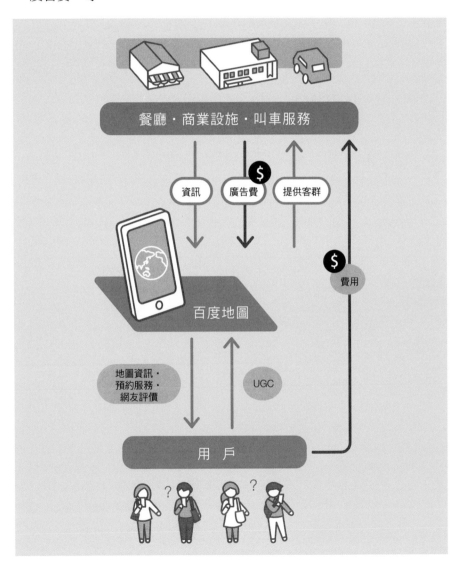

需求與成長背景

由於中國無法使用 Google 地圖，所以必須要開發國產地圖。其中，百度地圖在 Google 地圖發表 Beta 版的同一年、也就是二〇〇五年時正式推出。

至於競爭對手，剛推出時有「高德地圖」（二〇一四年被阿里巴巴收購）、騰訊的「騰訊地圖」（QQ 地圖）這兩個競爭對手。自此，中國三大網路企業 BAT 都爭相推出各自的地圖服務。

百度地圖的優勢是獨有的搜尋引擎技術。以精準度和附加價值（多功能）為武器，成功搶下大約三成市占率（百度：三十％、阿里巴巴：三十％、騰訊：十五％）。

■ 三項重大進展

1	2015 年	推出提供大數據的移動軌跡服務	可以追蹤匿名用戶的移動軌跡，推出可以在時間軸上顯示熱圖的功能。此後，開始可以提供大數據。推出之後短短一年期間，大數據已經提供給大約 3 萬位開發者了。
2	2017 年	開發紅綠燈燈號控制系統	開發可以解除交通阻塞的系統。可以利用 AI 分析用戶位置，也可以控制道路上的紅綠燈燈號。已提供給北京市交通管理局。
3	2018 年	推出智能小程式	推出開放原始碼的小程式。成功利用百度地圖所提供的位置檔案，建構零售店、餐廳、觀光地區、商業設施、電商、交通等各方面服務的生態系統。

主要功能與UI的特徵

App主畫面

設施資訊中也可以看見
其他用戶的照片或留言

可以透過App叫計程車

汽車導航功能也會顯示
測速照相機的位置

旅行模式會建議最快速
的路徑以及可導覽熱門
的觀光地區

導航語音包中有名人
語音可選擇

54

馬蜂窩 (Mafengwo)

可得到真實資訊的社群媒體旅遊平台

企業名稱：北京螞蜂窩網絡科技有限公司

累計用戶數 **1.3** 億	月活躍用戶數 **572** 萬	推出年份 **2010** 年

最受歡迎的是真實評論，而非廣告宣傳

馬蜂窩是可以上傳、瀏覽旅行體驗談與資訊的 App。

主要功能是可以投稿、上傳旅行路線和觀光地旅遊感想等的相關照片和文章，讀者可以追蹤投稿者、瀏覽後也能留言。

用戶能創造自己專屬的個人網頁，公開所有造訪過的國家和城市，地圖上能標註曾經去過的場所，也能存取自己在該處拍攝的照片等，介面相當獨特。

對於想去的場所有疑問時，有許多人會利用 Q&A 提問，然後就會有曾經去過的人來留言回答。只要檢索想去的場所，就會顯示與該場所有關的所有文章，有助於規劃旅遊行程。而且，投稿的文章大部分都是長文且記載得很詳細，可以從中得知廣告宣傳所沒有的詳細內容。

另外也有提供自訂旅遊、銷售廉價航空機票、代辦申請簽證、Wi-Fi、接送和預約餐廳等服務。

商業模式

■ 主要的收入來源

· 訂閱收入 　 · 服務費 　 · 廣告費

需求與成長背景

網路資訊大都會穿插許多廣告，馬蜂窩以真實的旅遊資訊為中心，深受眾多用戶的信賴。許多用戶除了會使用部落格的功能以外，還有輸入目的地就可以得到住宿、機票、餐廳、活動等各種資訊，然後點選就可以自訂旅遊行程的功能。

由於可以上傳照片和影片，所以旅行社會上傳旅遊的相關影片等，一般企業也會活用這項功能。

為了提高馬蜂窩的收入，二〇一八年起推出收費會員制。總共分三種收費方式，月繳會費是人民幣九元、季繳會費是人民幣六十元、年繳會費是人民幣二百七十元，而且還能享有購物折扣、利用機場貴賓室服務、機票、新幹線訂票折扣、旅行商品（旅遊）升等、利用服務中心等優惠（月繳會費的會員只享有折扣類的優惠）。

■ 三項重大進展

1	2014 年	與華為業務合作	兩間公司共同推出免費機票與住宿等各種優惠，募集群眾參加自行車活動。由於優惠內容太過豪華，在網路上引起熱烈討論。兩間公司合作的範圍相當廣泛，包含內容、產品開發、行銷等。
2	2014 年	推出 Q&A 功能後，網站流量增加	推出 Q&A 功能後，有效促進用戶之間的交流。並且因為發揮了 SEO（搜尋引擎優化）的效果，也增加不少搜尋引擎的網路流量。
3	2018 年	推出收費會員制	開始推出附加優惠的收費會員制度。2019 年有 35 萬位收費會員加入。收費會員的平均消費金額大約比一般用戶高出 85%，這對提升收益有極大的貢獻。

主要功能與UI的特徵

App 主畫面

社群媒體功能有許多人
上傳的旅行資訊

可以在地圖上標註自己
去過的場所

可以預約機票、火車
票、飯店、租車等

可以委託當地導遊規劃
旅行路線或預約飯店等

直播體驗功能真實到
好像實際去過這個觀
光地一樣

55

功能超豐富的國營鐵路App

中国铁路

鐵路12306（Teilu 12306）

企業名稱：**中國國家鐵路集團有限公司**

累計用戶數	月活躍用戶數	推出年份
非公開	**7348**萬	**2013**年

除了利用鐵路以外，其他功能更受人矚目

　　鐵路12306是預約、購買國營鐵路票券的App。雖然一般人聽到「國營」比較容易產生刻板印象，不過，鐵路12306的UI卻是出乎意料的完善。

　　這個App的特徵就是功能相當豐富。除了能預約、購買火車票券和查看時刻表以外，同樣一個App也可以網購各地方的特產、預約速食或便當就提供送餐到指定座位的服務（只要在發車的一個小時前預約，車站內的餐廳就會先將料理送上火車）、事先提出申請就可以安排協助身障者上下車、預排候補、車站站內地圖、預約住宿、叫車、加保旅行險等各項服務。也可透過微信支付來付款。

　　另外，還可以檢索遺失物品，只要輸入搭乘過的火車班次以及遺失物品的資訊、可能遺忘的場所（如車內網架上或廁所裡等），六個小時以內就可以接到站員聯絡，確認自己的遺失物品現在是什麼狀況，功能相當方便。

　　還有，App的名稱「12306」是中國國營鐵路的電話號碼。

商業模式

■ 主要的收入來源

・銷售票券 ・電商收入 ・廣告費 等

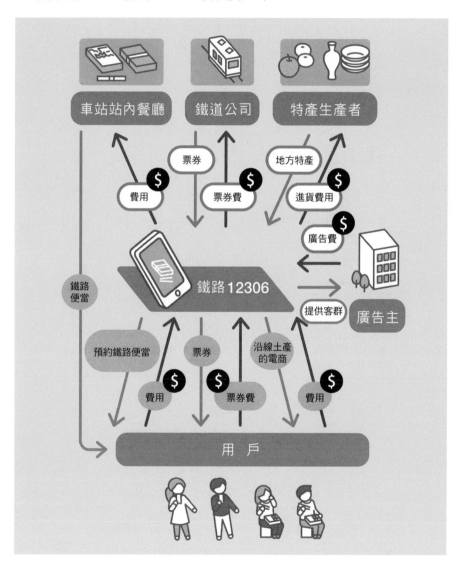

主要功能與UI的特徵

App主畫面

預約票券的畫面。輸入出發站名、抵達站名、日期就可以查詢、預約

在剪票口刷QR Code、進行臉部辨識，就可以進站搭車，不必持實體車票

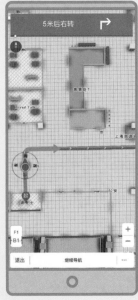

有各車站的站內3D地圖，內容十分詳細

會員制度可以累積點數換車票

可以預約飯店、租車、接送、計程車等

掃描票券選擇想吃的餐點就會在指定時間送到預定的座位

電商功能可以購買各地區的特產。不用到特產當地買，線上訂購就會宅配到家，相當方便

以投資家的觀點看中國 IT 企業

投資目的主要分成財務上的報酬率以及策略上的報酬率兩種。

當目的是財務上的報酬率時，投資中國企業風險最低的就是購買中國大型創業投資基金（Venture Capital，簡稱 VC）會投資的股票。中國的 IT 企業日新月異，想要取得資訊所花費的不止是工夫和成本而已，也相當耗時間。因此，相較之下，相信中國 VC 的選擇是有效的方法。

當目的是獲得技術和市占率等策略上的報酬率時，最重要的是追求加乘效果的策略性出資。

日本和中國之間具有相當高的互補性。舉例來說，日本有完善的售後服務和卓越的製造能力。而中國則是擅長開發且具備靈活的應對能力。尤其是 CVC（Corporate Venture Capital，企業創投公司），建議投資可以發揮日本與中國之間的加乘效果、與本業也有加乘效果的中國新創企業。

可是，投資中國企業最講求速度。要是光檢討就得耗上大半年，那麼很容易被其他投資家搶得先機。還有，要特別注意融資每提升一個階段，企業價值評估就會高漲這件事。例如一開始可以用一千萬日圓投資的企業，當融資進入下一個階段後，有時候可能需要準備十億日圓才夠投資。因此，如果找到一檔不錯的股票，應該迅速檢驗事業加乘效果，盡可能快速進行投資。

日本軟體銀行的孫正義會長便是第一位實踐這一點的行家。孫會長的投資標的主要是以高科技股票為主，其他對物流、新零售、線上教育等領域也具有高度期待，希望能與日本企業產生加乘效果。

第 9 章

商務

56

阿里巴巴集團所開發的群體軟體

釘釘（DingTalk）

企業名稱：**釘釘（中國）信息技術有限公司**

累計 用戶數 **3**億	月活躍 用戶數 **1.7**億	推出年份 **2014**年

從線上會議到申請簽呈等辦公事項全包的App

釘釘是阿里巴巴集團為了企業所開發用來免費溝通與合作的多方平台，有 PC 版、Web 版、手機版可使用。

不止有群組聊天功能，還可以共享行程表、召開線上會議、共享或編輯 Word 和 Excel、人事管理、出勤狀況、申請或簽署簽呈等，辦公相關的溝通都可以線上完成。據說一天有一億件以上的線上會議都是透過釘釘進行的。

另外，App 內也可以從阿里巴巴體系的電商網站訂購 OA 機器和事務用品等。

可以依照各企業需求選用的客製化功能也是特徵之一。

還有，釘釘特別強調安全性系統與銀行同等級，所以一些比較注重安全問題的企業也有導入。

商業模式

■ 主要的收入來源

・服務費　等

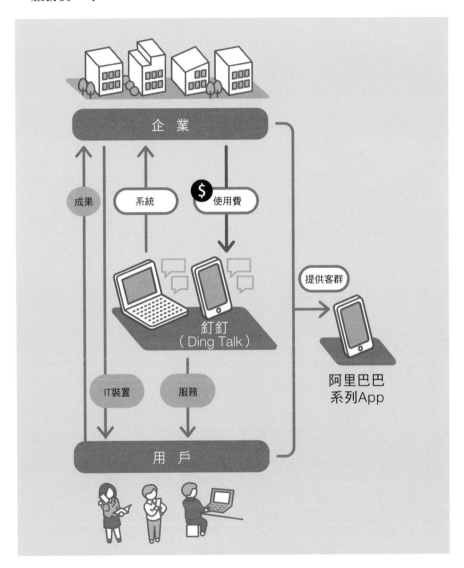

需求與成長背景

在中國，像微信這種個人專屬的聊天軟體也經常被活用於工作上。

不過，工作中與朋友互通訊息，對生產性和資訊管理層面而言都是一種損失，相對地，對員工來說也是一種負擔，工作中經常收到朋友等傳來的訊息，或者即便假日也會有工作上的聯絡，精神壓力非常大。

在這樣的背景之中，許多企業紛紛檢討導入商務專用的工具，釘釘的市占率因此得以逐漸擴大。

釘釘的主要用戶是無法負擔系統費用且不具備開發能力的中小企業。據說中國適用於中小企業的 B2B 服務，市場有將近人民幣一千億元。

還有，因為受到新冠肺炎疫情肆虐的影響，除了企業，也有許多學校為了實施線上教學而導入釘釘用於授課，包含居家隔離的人、十五萬所學校、一百萬位老師以及一億三千萬位學生都有利用。這段期間，新獲得五百萬個公司組織、一億位用戶加入。

釘釘不只進軍日本，在全球各地也都有提供服務。

■ 三項重大進展

1	2017 年	在熱門商業節目（中國版的《蓋亞的黎明》）中特別報導	該節目播出後，知名度大增，用戶數也因此急速增加。
2	2018 年	開始提供詳細分類的客製化服務	新增各項功能，內容適用於零售、醫療、教育、不動產等各業界，以及業務、行銷、管理之類的業務。功能可以依照自己的工作需求來客製化。
3	2020 年	因新冠肺炎疫情肆虐，導致教育領域上的需求急速增加	自 2019 年發生新冠肺炎以來，用戶數倍數成長。到 2020 年 3 月的時候已經突破 3 億人了。

主要功能與UI的特徵

App主畫面

傳送檔案功能沒有限制
檔案大小，所以不必壓
縮檔案

即時通訊可以傳送文字
或語音。也可以通話

可以利用申請、審核或
出勤狀況、經費計算等
各項功能

有助於改善生活的目標
設定和提醒功能

可透過App購買淘寶的
辦公用品

57

搭起生產者和餐廳之間橋梁的B2B服務

美菜（Meicai）

企業名稱：**北京雲杉世界信息技術有限公司**

累計 用戶數	**非公開**	月活躍 用戶數	**56** 萬	推出年份	**2015** 年

配送生鮮食材到小規模餐廳

美菜搭起農家與餐廳之間的橋梁，提供採購、配送的服務。

只要使用 App 輸入需要的蔬菜量就可以獲得小量批發配送，因此有許多無法與物流企業簽約的小規模餐廳都有使用。

由於新鮮的蔬菜不但可以在短時間內送達，也會提供生產者的資訊，所以用戶可以安心採購食材。

因為季節的關係，中國的農家和餐廳長年飽受供給過剩、供給不足等農產品供需失衡的困擾。

而且，明明實際上食材足夠且還有剩餘，但其他部分區域卻還是面臨著供給不足、無法採購優質農產品的問題等，這些都是因為供給、需求、生產者的資訊不足所造成的。

美菜與全中國的生產者和餐廳簽約。整備物流據點建構供應鏈，採用以銷售數據為基礎來決定採購量的演算法，有效解決這種錯配的問題，終於成功增加了生產者的收入，也確實減少了餐廳的支出。

商業模式

■ 主要的收入來源

・服務費

主要功能與UI的特徵

App主畫面

食材分類十分
詳細，便於檢
索

除了可以輸入
文字檢索或熱
門檢索外，也
可以輸入語音
檢索

常購買的食材
可以加到常用
清單，相當方
便

基本功能都集中在同一個畫面，簡單好用

除了微信支付、支付寶外，也能指定兩間主要銀行，從銀行扣款

結帳後發票可以儲存在App中

有糾紛或問題時可以用即時通訊或電話聯絡客服

58

CC

用戶遍及全球的管理名片App

名片全能王（CAMCARD）

企業名稱：**上海合合信息科技發展有限公司**

累計 用戶數	**3.2億**	月活躍 用戶數	**非公開**	推出年份	**2010**年

便利的功能可以提示離現在位置最近的廠商

名片全能王是一個可以免費使用基本功能的名片管理 App。

能對應十六國語言，用智慧型手機拍攝名片就能自動辨別文字，並且登錄、存檔在資料庫裡。名片資訊被儲存在雲端，無論採用哪種裝置都能夠瀏覽、編輯、下載那些存檔的名片。可以用日期、企業名稱、職業種類等各種分類來檢索。

還有一項功能是點擊名片上的企業名稱就可以顯示該公司的資訊，地圖上也會提示「附近的廠商」，藉此能輕鬆找到離現在位置最近的廠商，也能在地圖上設定目的地、開啟導航功能，這點對業務來說相當有助益。

另外，也有社群功能，除了可以透過 App 聯絡之外，也可以知道有誰瀏覽過自己的資訊。

至於收費版本（年費十一點九九美元）有一項功能可以確認拍下的名片資訊是否正確，若有誤這項功能也會及時校正，而且還可以瀏覽沒有交換到名片的人的資訊，其他也有可以將資訊轉成 Excel 等的功能。

商業模式

■ 主要的收入來源

・訂閱收入　・服務費　・授權收入

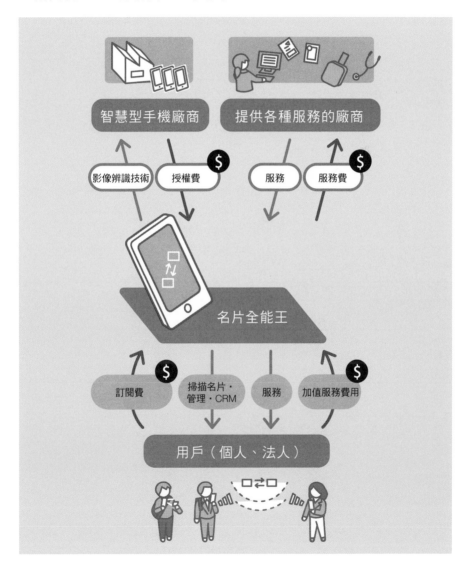

需求與成長背景

　　雖然最近中國流行互相加微信好友、在微信內增建名片的圖片檔，但實際上還是有很多人習慣將實體名片帶在身邊，所以即便中國在各個領域都十分積極地推動線上化，目前還是很需要有名片管理的服務。

　　名片全能王的優勢是全球各地都有提供服務。

　　在日本是由 Kingsoft 公司以「CAMCARD」名稱推出同一個 App，其他提供服務的管道有「Google Play」、「App Store」和日本軟銀的「App Pass」、KDDI 的「au Smart Pass」、SAMSUNG 的「Samsung Galaxy Apps」。

　　還有，名片全能王將自家開發的影像處理技術提供給 SAMSUNG 和華為等手機廠商，另外 B2B 商務也有提供專利辨識技術給金融機構。

■ 三項重大進展

1	2012 年	透過海外應用程式商店，積極發展全球化	2012 年起開始提供海外服務。中國以外的用戶高達 1 億人以上。
2	2015 年	新增「企業資料庫」功能	新增「企業諮詢」功能，與人交換名片後，可以迅速確認對方企業的登錄資訊以及投資資訊等。總共可以瀏覽 7500 萬間以上企業的資訊。
3	2015 年	正式提供手機廠商適用的影像處理技術	與 SAMSUNG 和華為等各家手機廠商進行業務合作，正式提供影像處理技術。也提供專利辨識技術給銀行、證券公司、保險公司等。對提升品牌力和收入有相當大的貢獻。

主要功能與UI的特徵

App主畫面

將自己名片上的資訊製成QR Code，就可以與他人交換電子名片

名片資訊可以簡單透過社群媒體、電子郵件、SMS等共享

掃描名片上的QR Code可以讀取該企業的詳細資訊或報導

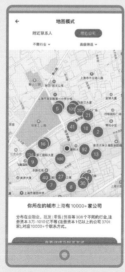

只要開啟地圖就會顯示附近有哪幾間已存檔的企業

也有只要輸入關鍵字就能獲得推薦潛在顧客的功能

59

BOSS直聘

直接推薦自己給未來老闆的徵才App

BOSS直聘（bosszhipin）

企業名稱：北京華品博睿網絡技術有限公司

累計 用戶數 **1億**	月活躍 用戶數 **1197萬**	推出年份 **2014**年

從檢索到錄取的過程都可以用App解決，簡易方便

BOSS 直聘是提供徵才服務和就職資訊的 App。

想轉換工作跑道的人可以透過 App 免費登錄自己的經歷和應徵職稱等，並公開帳號。

除了等待企業聯繫以外，特徵是自己也可以主動聯絡想要應徵的企業，透過類似 LINE 的通話方式，直接與未來的上司面試。

交換聯絡方式、面試過程直到錄取為止都可以用 App 解決，相當方便。

這並非是人事部的定期應徵，許多想要增加員工的主管都藉此直接徵才，所以想轉換工作跑道的人可以與未來的上司直接聯絡，效率非常好。

檢索功能相當完善，由於會篩選學歷、畢業學校、工作年資、希望年收、年齡、目前就職中還是待業中、換工作的頻率、性別、住址等十大要素，所以企業可以快速找到適當的人才。

商業模式

■ 主要的收入來源

· 訂閱收入 · 服務費 等

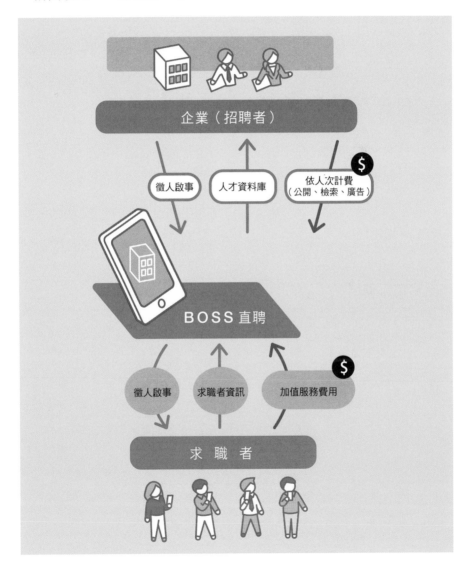

需求與成長背景

　　徵人服務在一般傳統型講求成果報酬的商業模式中，為了提升平台的營業額，通常較會優先公開報酬較高的徵人資訊。由於費用高，所以中小企業不太能夠負擔這筆廣告費用。

　　另一方面，BOSS 直聘則是選擇必要的服務後再付款的依次計費制。由於只會產生必要的費用，所以許多企業都選用 BOSS 直聘。

　　招聘者發送訊息給求職者時，一則訊息約人民幣十元。其他還有許多選項，例如一次看完 AI 媒合的人才履歷資訊，經判斷後可以一起發送訊息，能將自家公司的招募資訊釘選在上方，每天都能收到推薦的人才資訊，同時求職者也能從推薦的企業名單中看到自家公司的招募訊息等。

　　另外，求職者付費後可以讓自己的資訊排在前幾位，也能瀏覽更詳細的企業資訊。

■ 三項重大進展

1	2015 年	舉辦「馬桶招聘節」	繁忙的管理職可以用手機直接挑選人才，而且花費的時間不過像去一趟廁所那樣短短幾分鐘而已。結果，總共有 5 萬間公司、74 萬位主管利用 BOSS 直聘來招募人才。得到 1600 萬人按讚。
2	2016 年	公開官方吉祥物	App 推出 2 周年時，公開吉祥物「直直」。透過活動和漫畫等積極展開 PR 活動。達成一年 1000 萬人次的流量。
3	2020 年	與 CCTV 共同企劃線上徵人節目	公開企業的徵人資訊，過程中播放求職者應徵的線上 TV 節目，共有 1200 萬人收看。總共收到 10 萬份以上的履歷表，成功提供工作給許多年輕人。

主要功能與UI的特徵

App主畫面

招聘者和求職者可以
透過即時通訊聯絡

附照片且資料登錄詳細的
企業會使求職者更安心

招聘者發出的訊息會顯示
在求職者的通訊頁面上

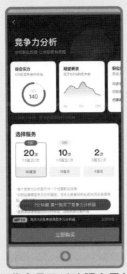

收費會員可以確認自己的
履歷表具備多少競爭力

有每週招聘狀況的報告
以及錄用效果的數據等

60

中國版的「帝國資料庫」

企查查 (qichacha)

企業名稱：**企查查科技有限公司**

累計 用戶數	**2**億	月活躍 用戶數	**266**萬	推出年份	**2014**年

可以檢索所有與企業相關的資訊

企查查這個 App 可以檢索中國以及其他一百九十個國家、地區的企業資訊。經常被用於檢索企業的信用、選擇顧客或收購目標、投資、求職活動等。

可以瀏覽的資訊有財務狀況、謄本、董事名稱與經歷、公司至今的歷史、年報、經營者持有的股票名稱和持有比例、與其他公司的關係、獲得的政府許可、最終受益的人或組織、招募人才、與同業其他公司的比較分析、媒體的相關報導、智慧財產權（透過 App 可以瀏覽專利、申請文件）、商標、投資的公司、目前是否有訴訟等。

基本資訊可以免費瀏覽，不過只要支付年費人民幣三百六十元就能瀏覽所有資訊。

另外，也可以即時確認關注的特定企業有什麼投資或融資、股價、新聞、訴訟等消息。

這個 App 最具特徵的是有一個關係圖功能，可以將企業重要職務之間的關係可視化。藉此還可以直接了解持股比例以及有什麼共通點（哪裡有接觸點）等。

商業模式

■ 主要的收入來源

・訂閱收入 ・服務費 等

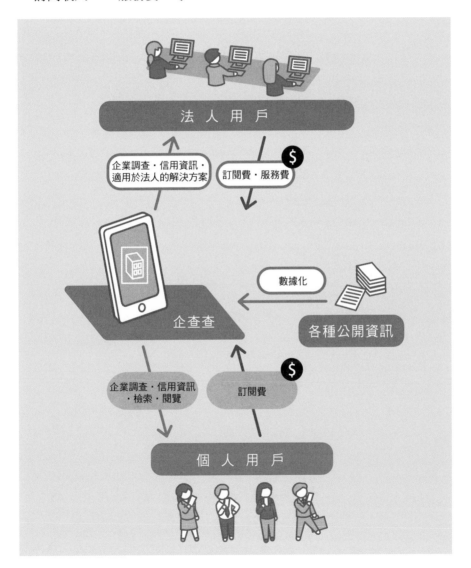

需求與成長背景

企查查公布的內容是 AI 透過網路收集中國機構公開的資訊後，經過分類、整理出來的資訊。也因此，特徵是資訊更新得很快。

還有，此 App 的優勢是已取得中國中央銀行發行的「企業徵信業務經營備案證」。

由於中國企業相當頻繁地進行 M&A（併購），另外也有許多公司不斷重複投資其他公司，所以資金關係相當複雜。企查查能簡單檢索企業背後的金流與股東資訊這幾點，是吸引眾多用戶支持的主要原因。

企查查獲得許多基金和企業的融資，在二〇一九年 C 輪融資後，市值已超過四億五千萬美元。後來，App 升級，於二〇二〇年公開全球一百九十個國家與地區的企業資訊。用戶數突破二億人。

■ 三項重大進展

1	2017 年	在微信上推出小程式	在微信上發表「企查查」小程式。由於變更功能在微信內可以更簡單地分享資訊等，使 App 的檢索次數倍數增加，營收終於成功由虧轉盈。
2	2019 年	推出便利性大幅提升的「版本 3.0」	C 輪融資後，推出以美國大型徵信公司「Dun & Bradstreet」為基準的「版本 3.0」。大幅增加可瀏覽的項目，也能進行徵信，個人用戶因此突破 2 億人。付費的法人用戶也超過 3000 間。
3	2020 年	推出海外企業的信用調查報告功能	公開的新功能內容涵蓋亞洲 11 個國家、歐洲 37 個國家等，全球總共涵蓋超過 190 個國家與地區的企業資訊。資訊範圍大幅增加。

主要功能與UI的特徵

App 主畫面

一鍵就能檢索企業的
詳細資訊

也能檢索、下載企業持有
的專利概要與相關文件

不只企業,也能確認經營
者或投資家、藝人的資訊

能看到關鍵人物人脈的
關係圖功能

拍下照片就能搜索類似
商標。便於申請商標

為何日本難以催生獨角獸企業？

獨角獸企業是指市場價值十億美元以上、創業之後未滿十年、未上市的 IT 企業。

現在中國的獨角獸企業有「螞蟻金服」（Ant Financial Service）以及「TikTok」經營的「字節跳動」等，總共超過兩百間。另一方面，日本的獨角獸企業在二〇二〇年時只有深度學習技術的「Preferred Networks（PFN）」和新聞 App「SmartNews」等七間。

到底是為什麼產生這樣的差距？

創立獨角獸企業的必要條件是「市場 × 人才 × 資金 × 修正計畫的能力」。中國因為人口總數龐大，與世界各國相比，不但市場環境相對有利，同時也擁有較多的創業人才。還有，近幾年來海外投資家看準中國的高成長性，許多資金流向中國，促進中國的新創企業快速成長。

可是，我認為在創業這一塊日本和中國最大的差異應該是「修正計畫的能力」。

在日本，只要失敗一次就會對品牌形象以及廠商、顧客的信賴關係造成重傷。「失敗成本」相當高。而且，為了得到結果還傾向於十分重視步驟。

反之，中國非常講求結果論，所以不管過程中經歷多少次失敗，都一定要拿出結果。因此，是一個很適合進行錯誤嘗試法的環境。

日本重視 PDCA，而中國應該可以說是普遍注重 T（Try）、E（Error）、C（Check）、A（Action）吧。

這種想法上的差異，想必就是造成兩國在創業這一塊差異如此之大的原因。

後　記

感謝各位讀者耐心閱讀到這裡。

我一邊編輯本書，一邊思考著有什麼能讓人們生活過得更加愉快、舒適。

後來，我發現關鍵其實在於「工作方法」。人生當中工作占了大部分時間。工作不該只是為了賺錢而做，那樣太枯燥乏味了，工作占了人生這麼大的比重，應該要結合快樂、喜悅和辛苦艱難等各種情緒與感受來好好經營才對。

所以，我認為摸索更好的工作方法、尋找適合自己的工作，能讓自己的人生更上一層樓。

本書介紹的線上商務就蘊藏了實現這個理想的可能性。

舉例來說，喜歡繪畫所以想當個插圖畫家來維持生計，但因為國內競爭過於激烈，所以當中也有人放棄這門行業轉職做其他工作。

可是，這時候如果有一個平台可以將插畫推銷到中東等國家，且有位創作者的插畫還獲得高評價的話，那麼這位幸運的創作者就有可能從此開啟插畫家的生涯。

像這樣的線上商務，發展潛力無窮，可以跨越距離和時間等障礙、做自己喜歡的工作等，讓人們的工作和工作方法變得更好、更加完善。

IT 可以使人生更加完美。這是我自身的座右銘。

希望本書至少能對日本的線上商務提供一點點貢獻，要是能因此使

一位或者更多的人生活過得更加愉快、舒適的話，那將會是我畢生最大的快樂。

最後，在這裡，我要感謝二十位以上的業界菁英給予協助，讓本書得以順利出版。本人在此獻上最誠摯的謝意。

另外，我還要感謝一個人，一位一直以來總是鼓勵我、促使我下定決心編輯這本書的人——故　原敏明氏，在此獻上我最深的敬意與感謝。

國家圖書館出版品預行編目(CIP)資料

圖解中國 App 商業模式 / 王沁著；洪淳瀅譯 . -- 初版 . -- 臺北市：城邦
文化事業股份有限公司商業周刊 , 2021.11
　　面；　公分 .

ISBN 978-986-5519-91-9（平裝）

1. 電子商務　　2. 商業管理　　3. 中國
490.29　　　　　　　　　　　　　　　110017475

圖解中國 App 商業模式

作者	王沁
譯者	洪淳瀅
商周集團榮譽發行人	金惟純
商周集團執行長	郭奕伶
視覺顧問	陳栩椿
商業周刊出版部	
總編輯	余幸娟
責任編輯	林雲
封面設計	bert
內頁排版	林婕瀅
出版發行	城邦文化事業股份有限公司 - 商業周刊
地址	104 台北市中山區民生東路二段 141 號 4 樓
傳真服務	(02)2503-6989
劃撥帳號	50003033
戶名	英屬蓋曼群島商家庭傳媒股份有限公司城邦分公司
網站	www.businessweekly.com.tw
香港發行所	城邦（香港）出版集團有限公司
	香港灣仔駱克道 193 號東超商業中心 1 樓
	電話：(852)25086231 傳真：(852)25789337
	E-mail：hkcite@biznetvigator.com
製版印刷	中原造像股份有限公司
總經銷	聯合發行股份有限公司 電話：(02)2917-8022
初版 1 刷	2021 年 11 月
定價	台幣 420 元
ISBN	978-986-5519-91-9（平裝）

CHŪGOKU ONLINE BUSINESS MODEL ZUKAN by Ou Shin Copyright © 2021
Ou Shin
Original Japanese edition published by KANKI PUBLISHING INC.
All rights reserved
Chinese (in Complicated character only) translation rights arranged with KANKI
PUBLISHING INC. through Bardon-Chinese Media Agency, Taipei.
2021 Publications Department of Business Weekly, a division of Cite Publishing Ltd.

金商道

The positive thinker sees the invisible, feels the intangible,
and achieves the impossible.

惟正向思考者，能察於未見，感於無形，達於人所不能。 —— 佚名